裸眼三维显示分辨率提升方法研究

杨乐 著

Research on Resolution Enhancement Methods for
Naked Eye 3D Display

中国国际广播出版社

前　言

　　人类对外部信息的感知，70% 以上是通过视觉系统获得的，因此提供精准而有效的视觉内容是显示技术发展的根本驱动力。客观世界是三维的，人类视觉系统可以感知外部环境完整的深度信息，从而精准判断出空间方位来对周围事物进行充分的理解和合理的判断。平面显示技术只能提供二维（Two Dimensional，2D）平面信息，无法激励人类视觉系统感知深度信息，这与人类视觉系统认知客观世界的方式是不符的。

　　裸眼三维（Three Dimensional，3D）显示技术是 3D 显示技术的重要发展方向，可为观众呈现具有不同侧面信息与深度信息的 3D 显示内容，并且观察者无须佩戴助视设备。因此，裸眼 3D 显示技术受到了国内外学者和企业的广泛关注，是目前 3D 显示技术研究的热点。然而，裸眼 3D 显示技术依然面临着很多挑战，其中最为关键的一个问题便是分辨率低。这个问题严重影响裸眼 3D 显示质量，是裸眼 3D 显示技术进一步发展和应用的瓶颈。裸眼 3D 显示分辨率低体现在角分辨率不足和空间分辨率低两个方面。角分辨率是单位角度内的视点数目，表征 3D 信息显示的连续性。角分辨率不足会使 3D 影像运动视差不连续，同时也会引起辐辏和调节的矛盾，使观察者产生眩晕感。空间分辨率是视点光线汇聚形成的二次光源数量，表征 3D 影像的精细程度。空间分辨率低会降低 3D 数据可视化的精确度和有效性。

为实现高质量裸眼 3D 显示效果，针对裸眼 3D 显示分辨率低这个关键问题，笔者进行了分辨率提升方法的研究。本书的创新点和主要研究内容如下。

（1）基于像素水平化调制的高角分辨率光场显示方法

集成成像所再现的全视差 3D 影像具有运动视差连续平滑、立体感突出等优点。本书基于集成成像全视差光场构建方法，提出高角分辨率水平光场构建方法。在平面显示分辨率资源有限的前提下，设计微针孔单元阵列和非连续柱透镜阵列，以特定的水平方向角水平化调制所有平面像素发出的光线，在大视角范围内构建水平方向密集排列的视点，实现高视点角分辨率的水平光场 3D 显示。

微针孔单元阵列是基于小孔遮光原理对基元图像中以行为单位的像素发出的光线进行调制，具有控光精准度高、无像差、可制备幅面大和成本低的优点。非连续柱透镜阵列具有与微针孔单元阵列相同的像素水平化调制能力，并且可明显提升光能利用率。该方法的显示原型系统可实现角分辨率为 2.3 视点 / 度、视角为 42.8° 的高质量光场显示效果。

（2）基于视点分布优化的高质量裸眼 3D 显示方法

利用平面像素构建的 3D 视点光线是极其有限的，这个客观事实是造成裸眼 3D 显示分辨率低的根本原因。本书设计了定向准直背光光源和双凸非球面透镜阵列，实现了具有定向视区的视点光线重构。在此基础上，以时空复用的方式对定向视区进行拼接，组成具有横向视角 360°、纵向视角 36°、垂直方向定向投射角 45° 的柱状分布视区。该视区形态对于坐在或站在屏幕周围的观察者极其适用，有效提高了复原的 3D 视点光线的利用率，实现了 3D 显示分辨率的提升。

（3）抑制串扰的高分辨率光场显示方法

使用小节距微针孔单元阵列形成具有超高角分辨率的水平光场，可使单眼同时观察到多个视点，激励视觉系统形成单眼调节，消除传统裸眼 3D

显示存在的辐辏和调节矛盾的问题。然而，由于邻行像素发出的散射光线可形成杂散光串扰，小节距微针孔单元阵列实现像素水平化调制会面临视点间串扰严重的问题，并且像素的尺寸越小，杂散光串扰越严重；角分辨率越高，视点串扰对显示质量的影响就越严重。

为了解决这个问题，本书设计了垂直方向准直背光光源来替换传统裸眼 3D 显示使用的散射背光光源，对邻行像素杂散光串扰进行有效抑制，实现了低串扰的高角分辨率光场显示。同时，因为所使用微针孔单元阵列节距小，所再现的 3D 影像具有高空间分辨率。显示原型系统再现的 3D 影像在串扰率低于 7% 的前提下，具有 39.2 视点 / 度的角分辨率和 1280×1080 像素的空间分辨率。

为增大显示视角，本书提出了实时入瞳光场再现方法。基于人眼的空间位置，实时采集并再现瞳孔视锥角范围内的光场信息，实现大视角显示的同时，保证高角分辨率的水平光场构建。实时入瞳光场再现方法可实现视差序列图像素与其相对应基元图像阵列（Elemental Image Array，EIA）像素间的正确映射，保证再现的 3D 影像具有正确的遮挡关系和空间立体感。该方法使显示原型系统实现了 70° 大视角的光场显示效果。

（4）基于时空复用透镜拼接的高分辨率、大视角集成成像方法

集成成像可以再现原始景物的全视差光场，为观察者提供自然、真实的立体感，但是其空间分辨率低的问题制约了 3D 数据可视化的清晰度，降低了信息的有效性和传达的精准度。此外，集成成像也有视角窄的问题，这两个问题极大地限制了集成成像的应用和发展。

本书提出了时空复用透镜拼接方法，在提升集成成像视角的同时，使集成成像的空间分辨率提升为原来的若干倍。本书设计了方向性时间序列背光光源来实现透镜的时空复用拼接。方向性时间序列背光光源可以以时间顺序提供具有特定方向角的准直背光光束。通过对系统光学参数的预设计，可使具有不同方向角的准直背光光束通过透镜阵列中相邻透镜后汇聚，

这样透镜阵列的等效节距变为固有节距的若干倍，实现对视角的有效增大。同时，准直背光光束在不同时刻具有不同的方向角，在透镜阵列之前以时空复用的方式形成密集的点光源，当背光光源的刷新率足够大时，由于人眼的视觉暂留效应，点光源的数目是透镜阵列中透镜数目的若干倍，实现了 3D 影像空间分辨率成倍的提升。显示原型系统再现的 3D 影像具有 50° 的视角、7056 个视点，并且其空间分辨率是传统集成成像空间分辨率的 4 倍。

（5）基于深度学习的 3D 成像质量提升方法

对于裸眼 3D 显示系统，元件制作误差和系统装配偏差等外部因素会导致光线重构误差问题，使 3D 成像出现外部串扰，造成显示质量的恶化，如畸变、分辨率减小、景深缩减、遮挡关系错误等。为了抑制外部串扰，提升显示质量，本书根据控光元件的控光原理，基于深度学习拟合控光元件的高阶非线性光解码函数，对具有外部串扰的 3D 成像过程进行数学建模，实现对 3D 成像的标定。根据标定结果，基于光线追迹算法，根据光矢量场的采集与重构模型，解算出正确的重构光线，来修正在光线记录阶段相机阵列中相机的空间位置，进而获得正确的空间信息，完成对基元图像阵列中像素的校正，以抑制外部串扰，提升 3D 成像质量。

目　录

第四章　基于时空复用定向投射光信息的桌面 悬浮集成成像方法 / 080

第五章　抑制串扰的高分辨率光场显示方法 / 098

第一章　绪论

第一节　引言

视觉是人类感知外界环境的重要手段。研究表明，人类与外界环境交互信息总量的 70% 以上由视觉系统获得[①]。作为信息技术的显示技术是向视觉系统高效传达信息的重要技术手段，对人们生产、生活方式的促进具有重要的意义，因此显示技术一直以来是现代社会技术发展的重要方向之一。显示技术经历了从黑白到彩色、从标清到超清、从静态到高动态的重要发展，并且有效地带动了相关上下游产业的发展和创新，可大力促进整个国民经济的发展。显示技术是国家综合实力的重要体现，是国家科技战略实施的重要方向。

真实世界中的任何物体都是以 3D 形态存在的。在人眼感知外部环境的过程中，不仅会接收到来自物体表面的光线强度与色彩信息，还会获得深度信息，来对物体的尺寸、形状与空间位置关系进行判断。然而，平面显示技术缺失了对深度信息的表达，平面显示设备包括投影机、液晶显示器、等离子电视等，平面显示设备上加载的是 2D 图像信息，无法为人眼视觉系统提供深度信息。因此，平面显示技术所传达的视觉内容与人们观

---

① LAKRIM M. Human anatomy & physiology［M］. Richmond：NSTA Press，2014.

察客观世界的形式不符，无法展示出真实的外部环境，严重影响了信息表达的精确度和人们对信息感知、理解的效率。

随着当今科学技术的进步，核技术、高能物理仿真、基因组、飞行器仿真、气象预报、军事模拟等高性能计算产生精细的、海量的体数据，表现出对 3D 显示技术应用的迫切需求。目前采用的平面显示方式只能使人们观察到计算和模拟仿真场景结果的部分侧面信息，不能直观反映出立体场景的纵深关系，极大地限制了对科学计算结果的认知。

目前，3D 显示技术可以分为两大类，分别为助视 3D 显示技术和裸眼 3D 显示技术。目前助视 3D 显示技术已经应用于电影娱乐行业，实现了成熟的商业化应用。2009 年，具有 3D 效果的电影《阿凡达》在全球各地的影院上映，成为助视 3D 显示技术应用于娱乐行业的里程碑。这种技术利用了双目视差原理，借助 3D 眼镜，使具有同一景物的两幅不同角度的视差图像分别被观众的左眼和右眼观察到，从而激发视觉系统的辐辏激励，使观众可以观察到明显的空间立体感。

现有的 3D 眼镜有 3 种类型，分别为色差式 3D 眼镜、偏光式 3D 眼镜和主动快门式 3D 眼镜[1]，如图 1-1 所示。作为助视 3D 显示技术的两个重要的发展方向，虚拟现实和增强现实近些年受到了众多高科技公司和学者的青睐，如图 1-2 所示为虚拟现实眼镜和增强现实眼镜。虚拟现实和增强现实可以为用户提供高沉浸感和强交互性的 3D 显示体验，因此被认为是工业设计、远程教育教学、医疗诊断、科学研究等领域所用到的 3D 精密数据可视化的理想技术。虚拟现实与增强现实最大的应用区别在于交互对象不同，前者实现了人与虚拟环境的交互，后者实现了人与真实环境的交互。

---

[1]　潘冬冬，王琼华，李大海，等.偏振眼镜立体显示的立体串扰度及其影响因素 [J].
光学技术，2009，35（4）：517-518.

色差式3D眼镜　　　偏光式3D眼镜

主动快门式3D眼镜

图1-1　立体电影使用的3D眼镜类型

虚拟现实眼镜　　　　　增强现实眼镜

图1-2　虚拟现实眼镜和增强现实眼镜

裸眼 3D 显示技术可实现动态、彩色、悬浮、交互的 3D 显示效果，是未来显示技术领域重要的发展方向之一。然而，目前裸眼 3D 显示技术存在许多限制，如观看视角小、分辨率提升困难、显示景深受限等。这些问题主要是构建空间中体像素的信息源不足引起的，所以大部分情况下，我们都在寻找一个最佳的妥协设计方案。

本书针对裸眼 3D 显示技术分辨率这个关键指标，开展对提升显示分辨率的研究，为实现高质量的裸眼 3D 显示提供理论支撑与技术支持。

第二节　裸眼3D显示技术概述

裸眼 3D 显示技术是 3D 显示技术发展的重要方向。相比于助视 3D 显示技术，裸眼 3D 显示技术使观众无须佩戴眼镜就可以观看到 3D 影像。因此裸眼 3D 显示技术拥有高自由度的立体视觉观看体验，更符合人眼对外界真实场景的观看体验，因而近些年来成为学术界与工业界研究的热点。

裸眼 3D 显示技术主要包括全息显示技术、体 3D 显示技术、视点立体显示技术和光场显示技术。裸眼 3D 显示技术以其独特的立体视觉效果和广泛的应用场景，正在为各行各业带来全新的视觉体验和互动效果，如广告传媒、展览展示、教育、娱乐休闲及医疗等领域。裸眼 3D 显示技术通过呈现立体视觉效果，提升了广告的传播效果、科普展览的生动性、课堂教学的直观性、游戏和娱乐的沉浸感，以及医学影像的准确性和医学教育的效果。随着计算机与电子技术的不断进步，以及计算资源成本的逐渐降低，裸眼 3D 技术有望在更多领域得到应用和推广。

1. 全息显示技术

全息显示技术被认为是一种理想的 3D 显示技术，最早由科学家 D. Gabor 在 1948 年提出并由此开创了一个崭新的研究领域[①]。全息显示技术基于波动光学理论，利用干涉原理，将物体发出的光波以干涉条纹的形式记录在感光介质中，实现对原物光波前的全信息记录。当用特定光波照射全息图时，通过光的衍射作用能再现原始的物光波前信息，显示出真实、自然的 3D 影像。

第一代全息显示技术有两个问题，一是相干性差导致再现 3D 影像不清晰，二是再现 3D 影像和共轭像空间位置混叠导致显示干扰。为了解决这两个问题，离轴全息术诞生了[②]，进而推动了全息显示技术的发展。后来，为了解决全息显示单色性问题，第三代全息显示技术利用单色激光记录并用白光再现，可以在一定条件下赋予全息图色彩信息。第三代全息显

---

① GABOR D. A new microscopic principle [J]. Nature，1948，161：777-778.

② LEITH E N，UPATNIEKS J. Reconstructed wavefronts and communication theory [J]. Journal of the optical society of America，1962，52（10）：1123-1130.

示技术包括反射全息、彩虹全息、模压全息等。随着计算机技术和数字传感技术的发展，基于数字记录与数字再现的数字全息技术出现了。数字全息技术的原理是由CCD（Charge Coupled Device，电荷耦合元件）记录的数字全息图或者由计算机生成的全息图通过空间光调制器（Spatial Light Modulator，SLM）来对入射的参考光进行调制，实现被记录物立体形态的光电再现。空间光调制器是一种光电元件，在信源信号的控制下，可以对光波的振幅、相位、偏振态等参数进行调制，从而将信源信号所携带的空间信息写入射光波中[①]。数字全息技术原理如图1-3所示。

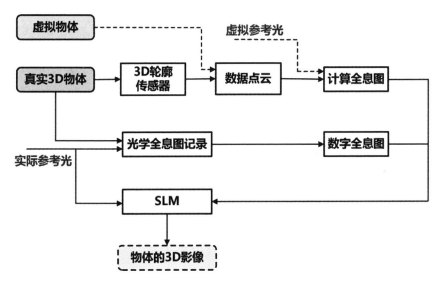

图1-3 数字全息技术原理

2. 体 3D 显示技术

体 3D 显示技术根据发光体像素点的构建原理可分为静态体 3D 显示技术和扫描体 3D 显示技术两类。体 3D 显示技术所构建的发光体像素点处于体空间介质内，再现的 3D 影像呈现在该体空间内。体 3D 显

---

① 王琼华 . 3D 显示技术与器件［M］. 北京：科学出版社，2011.

示技术脱胎于静态体 3D 显示技术。Downing 团队在 1994 年到 1996 年期间，成功实现了基于固体介质能量跃迁的静态体 3D 显示技术[①]。该技术使用了两束激光作为光源，首先照射具有特定体积的特殊材料固体介质，然后控制两束入射激光照射固体介质，当两束激光汇聚点能量达到一定阈值后，固体介质汇聚点处发生介质跃迁，进而发出散射光线，形成一个向周围发光的体像素点。当在较短的时间内激发多个发光体像素点时，由于人眼视觉的暂留效应，观察者会看到呈现在固体介质内的 3D 影像。

Downing 等人提出的基于固体介质能量跃迁的静态体 3D 显示技术原理和显示效果如图 1-4 所示。在动态体 3D 显示技术中，承载 3D 影像的载体为动态旋转的平面结构[②③④]。在这种显示系统中，平面屏绕固定轴转动形成 3D 影像的载体，高速投影设备投射原始景物各个角度的图像到平面上发生反射，实现在特定空间位置交替构建发光体像素点，从而显示在平面屏转动区域内的 3D 影像。美国 Actuality Systems 公司于 2001 年设计的 Perspecta 3D system 采用了一种典型的动态体 3D 显示技术，该系统组成原理和显示效果如图 1-5 所示。

---

① DOWNING E, HESSELINK L, RALSTON J, et al. A three-color, solid-state, three-dimensional display [J]. Science, 1996, 273 (5279): 1185-1189.

② FAVALORA G E. Volumetric 3d displays and application infrastructure [J]. Computer, 2005, 38 (8): 37-44.

③ SULLIVAN A. DepthCube solid-state 3d volumetric display [J]. Optical engineering, 2004, 5291: 279-284.

④ 李莉. 体三维显示系统关键技术研究与实现 [D]. 南京：南京航空航天大学，2009.

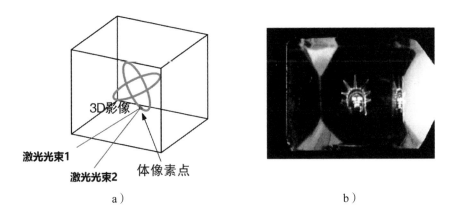

图1-4 基于固体介质能量跃迁的静态体3D显示技术原理（a）和显示效果（b）

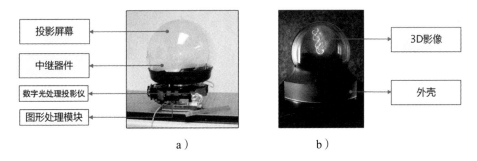

图1-5 Perspecta 3D system的组成原理（a）和显示效果（b）

3. 视点立体显示技术

视点立体显示技术是目前市场上商业化应用最成熟的裸眼3D显示技术。视点立体显示系统由控光元件和平面显示器精密耦合而成，其中控光元件一般为柱透镜光栅或者狭缝光栅[1]。视点立体显示系统结构简单、容易实现并且成本较低，因此视点立体显示技术是目前裸眼3D电视的主流技术。视点立体显示技术利用柱透镜光栅或者狭缝光栅对平面显示器像素发出的光线进行调试，使光线在空间中汇聚形成视点。当观察者的左眼、右

[1] BERKEL C V，CLARKE J A. Characterization and optimization of 3d-lcd module design［J］. SPIE，1997，3012（1）：179-186.

眼分别看到不同的视点时，可形成双目视差产生立体视觉。本书第二章将对视点立体显示技术的原理做详细阐述。

4. 光场显示技术

光场显示技术基于平面显示设备和精准控光元件来构建具有特定空间信息的光线来拟合原始场景的光场，实现悬浮于空中的 3D 影像的再现。再现的 3D 影像具有完整的深度信息，可以为视觉系统提供双目视差、运动视差、色彩信息和正确的遮挡关系。相对于全息显示技术，光场显示技术可以实现大视角、大尺寸、动态的 3D 影像，所以光场显示技术是目前裸眼 3D 显示技术研究的热点，受到国内外学者和企业的广泛关注。多层液晶显示 [1][2][3][4][5][6][7] 、

[1] WETZSTEIN G, LANMAN D, HIRSCH M, et al. Compressive light field displays [J]. IEEE computer graphics and applications, 2012, 32 (5): 6-11.

[2] LANMAN D, HIRSCH M, KIM Y H, et al. Content-adaptive parallax barriers for automultiscopic 3d display [J]. ACM transactions on graphics, 2010, 29 (6): 1-10.

[3] WETZSTEIN G, LANMAN D, HEIDRICH W, et al. Layered 3d: tomographic image synthesis for attenuation-based light field and high dynamic range displays [J]. ACM transactions on graphics, 2011, 30 (4): 1-12.

[4] LANMAN D, WETZSTEIN G, HIRSCH M, et al. Polarization fields: dynamic light field display using multi-layer lcds [J]. ACM transactions on graphics, 2011, 30 (6): 1-10.

[5] WETZSTEIN G, LANMAN D, HIRSCH M, et al. Tensor displays: compressive light field synthesis using multilayer displays with directional backlighting [J]. ACM transactions on graphics, 2012, 31 (4): 1-11.

[6] CHEN R J, MAIMONE A, FUCHS H, et al. Wide field of view compressive light field display using a multilayer architecture and tracked viewers [J]. Journal of the society for information display, 2014, 22 (10): 525-534.

[7] CHEN D, SANG X Z, YU X B, et al. Performance improvement of compressive light field display with the viewing-position-dependent weight distribution [J]. Optics express, 2016, 24 (26): 29781-29793.

基于投影的光场显示[①②③④]、集成成像[⑤⑥⑦⑧⑨]都属于光场显示技术。

多层液晶显示也被称作压缩光场显示，具有角分辨率高的优点。多层液晶显示对每个像素发出的光线进行调制，利用调制计算的方法再现压缩采样后的光场信息[⑩]。根据光线通过液晶被调制的物理情况，多层液晶显示可分为内容自适应光栅显示、基于体衰减计算的多层光场显示[⑪]、基于偏振

① SANG X Z, FAN F C, JIANG C C, et al. Demonstration of a large-size real-time full-color three-dimensional display［J］. Optics letters, 2009, 34（24）: 3803-3805.

② LEE J H, PARK J Y, NAM D, et al. Optimal projector configuration design for 300-mpixel light-field 3d display［J］. Optics express, 2013, 21（22）: 26820-26835.

③ YU X B, SANG X, GAO X, et al. Dynamic three-dimensional light-field display with large viewing angle based on compound lenticular lens array and multi-projectors［J］. Optics express, 2019, 27（11）: 16024-16031.

④ XIA X X, LIU X, LI H F, et al. A 360-degree floating 3d display based on light field regeneration［J］. Optics express, 2013, 21（9）: 11237-11247.

⑤ JANG J S, JAVIDI B. Three-dimensional synthetic aperture integral imaging［J］. Optics letters, 2002, 27（13）: 1144-1146.

⑥ PARK J H, HONG K H, LEE B H. Recent progress in three-dimensional information processing based on integral imaging［J］. Applied optics, 2009, 48（34）: 77-94.

⑦ 王琼华，王爱红，梁栋，等. 裸视 3D 显示技术概述［J］. 真空电子技术，2011（5）: 1-6.

⑧ 王琼华，邓欢. 集成成像 3D 拍摄与显示方法［J］. 液晶与显示，2014, 29（2）: 153-158.

⑨ 杨神武. 大景深、大视角 3D 光场显示关键技术研究［D］. 北京：北京邮电大学，2019.

⑩ WETZSTEIN G, LANMAN D, HIRSCH M, et al. Compressive light field displays［J］. IEEE computer graphics and applications, 2012, 32（5）: 6-11.

⑪ WETZSTEIN G, LANMAN D, HEIDRICH W, et al. Layered 3d: tomographic image synthesis for attenuation-based light field and high dynamic range displays［J］. ACM transactions on graphics, 2011, 30（4）: 1-12.

计算的光场显示[1]和基于张量计算的光场显示[2]。多层液晶显示的原理如图1-6所示。基于投影的光场显示是一种高分辨率光场显示方法，其利用投影设备提供平面像素资源，并通过特定的光学元件将投影设备发出的光线进行调制，构建拟合原始光场的光信息来再现自然的3D影像。Sang等人提出基于投影机阵列和全息功能屏的光场显示方法，其原理如图1-7所示[3]。集成成像是一种重要的光场显示技术，也是裸眼3D显示最具前景的技术之一。早期的集成成像是使用针孔阵列作为控光组件，但是由于针孔阵列光能利用率差，在新一代的集成成像中被透镜阵列代替。基于透镜阵列的集成成像在采集光场的过程中，先用一个透镜阵列或摄像机阵列从不同角度拍摄3D场景，再根据光路可逆原理在显示时用特定光学参数的透镜阵列放置在平面显示器前方即可再现原始场景的光场。本书第二章将对集成成像原理进行详细阐述。

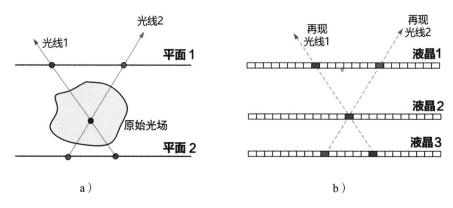

a) b)

图1-6 多层液晶显示的原理（a）和多层液晶光场构建原理（b）

---

① LANMAN D, WETZSTEIN G, HIRSCH M, et al. Polarization fields: dynamic light field display using multi-layer lcds [J]. ACM transactions on graphics, 2011, 30（6）: 1-10.

② WETZSTEIN G, LANMAN D, HIRSCH M, et al. Tensor displays: compressive light field synthesis using multilayer displays with directional backlighting [J]. ACM transactions on graphics, 2012, 31（4）: 1-11.

③ SANG X Z, FAN F C, JIANG C C, et al. Demonstration of a large-size real-time full-color three-dimensional display [J]. Optics letters, 2009, 34（24）: 3803-3805.

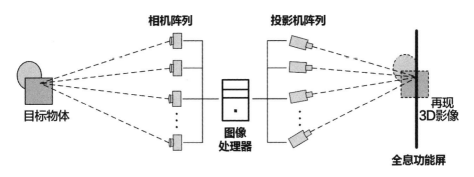

图1-7 基于投影机阵列和全息功能屏的光场显示原理

上述裸眼 3D 显示技术中，视点立体显示技术和光场显示技术是使用平面显示设备实现的，它们将平面信息转化为 3D 角度信息，可为观众提供接近客观世界的 3D 显示内容。全息显示技术基于波动光学理论记录并还原波前信息，可在空间中还原分辨率极高的 3D 物像，但是这项技术无法为观众提供大尺寸、全彩色、实时动态的 3D 显示效果，这便是全息显示技术无法应用于市场的原因。体 3D 显示技术可在空间中构建出密集的发光体像素，呈现高分辨率的 3D 影像，但是具有两个明显的缺点：一是呈现的空间遮挡关系不正确，与人类观察客观世界的景物不相符；二是幅面很难做大。相比全息显示技术和体 3D 显示技术，视点立体显示技术和光场显示技术可以实现大尺寸、全彩色、高动态的 3D 显示效果，并且所呈现的 3D 影像具有正确的空间遮挡关系和空间立体感。因此，这两项裸眼 3D 显示技术是目前裸眼 3D 显示技术研究的热点问题。

第三节　裸眼3D显示分辨率的研究

一、研究现状

传统的裸眼 3D 显示技术面临许多问题，其中分辨率低是制约其发展和应用的问题之一。现阶段平面显示设备有限的分辨率资源是导致裸眼 3D 显示分辨率低的根本原因。裸眼 3D 显示分辨率低体现在角分辨率不足和空间分辨率低两个方面。角分辨率不足会使 3D 影像运动视差不连续，也会引起辐辏和调节的矛盾，使观察者产生眩晕感，急剧恶化 3D 显示质量；空间分辨率低会降低 3D 数据可视化的精确度和有效性。目前有许多针对角分辨率和空间分辨率提升的裸眼 3D 显示方法。

1. 提升角分辨率的裸眼 3D 显示方法

为了提升角分辨率，Berkel 等人将柱透镜光栅倾斜摆放在液晶显示器前，使纵向子像素转化为水平方向视点，以此增加视角内所构建的视点数目，最终实现角分辨率的提升[1]。该方法的原型显示系统可实现 1.8 视点 / 度的角分辨率。然而，这种提升角分辨率的方法受柱透镜节距的限制，对角分辨率的提升有限。

Yu 等人在 Berkel 等人研究的基础上，通过设计具有大节距的柱透镜光栅，并基于多视点编码算法实现了角分辨率的进一步提升[2]。该方法的原型

①　BERKEL C V, CLARKE J A. Characterization and optimization of 3d-lcd module design [J]. SPIE, 1997, 3012: 179-186.

②　YU X B, SANG X Z, CHEN D, et al. Autostereoscopic three-dimensional display with high dense views and the narrow structure pitch [J]. Chinese optics letters, 2014, 12 (6): 60008-60011.

系统可实现 5.6 视点 / 度的角分辨率。但是，这种方法存在纵向平面像素转化为水平视点能力不足的问题，导致平面像素资源利用率不高。

还有一种有效提升角分辨率的方法是，增加可利用的平面像素资源来提升角分辨率，所涉及的显示方法包括多层液晶显示[1][2][3][4][5][6]和基于投影的光场显示[7][8][9][10]。Chen 等人所搭建的多层液晶显示系统可实现 3 视点 / 度的

① WETZSTEIN G，LANMAN D，HIRSCH M，et al. Compressive light field displays［J］. IEEE computer graphics and applications，2012，32（5）：6-11.

② WETZSTEIN G，LANMAN D，HEIDRICH W，et al. Layered 3d：tomographic image synthesis for attenuation-based light field and high dynamic range displays［J］. ACM transactions on graphics，2011，30（4）：1-12.

③ LANMAN D，WETZSTEIN G，HIRSCH M，et al. Polarization fields：dynamic light field display using multi-layer lcds［J］. ACM transactions on graphics，2011，30（6）：1-10.

④ WETZSTEIN G，LANMAN D，HIRSCH M，et al. Tensor displays：compressive light field synthesis using multilayer displays with directional backlighting［J］. ACM transactions on graphics，2012，31（4）：1-11.

⑤ CHEN R J，MAIMONE A，FUCHS H，et al. Wide field of view compressive light field display using a multilayer architecture and tracked viewers［J］. Journal of the society for information display，2014，22（10）：525-534.

⑥ CHEN D，SANG X Z，YU X B，et al. Performance improvement of compressive light field display with the viewing-position-dependent weight distribution［J］. Optics express，2016，24（26）：29781-29793.

⑦ SANG X Z，FAN F C，JIANG C C，et al. Demonstration of a large-size real-time full-color three-dimensional display［J］. Optics letters，2009，34（24）：3803-3805.

⑧ LEE J H，PARK J Y，NAM D，et al. Optimal projector configuration design for 300-mpixel light-field 3d display［J］. Optics express，2013，21（22）：26820-26835.

⑨ YU X B，SANG X，GAO X，et al. Dynamic three-dimensional light-field display with large viewing angle based on compound lenticular lens array and multi-projectors［J］. Optics express，2019，27（11）：16024-16031.

⑩ XIA X X，LIU X，LI H F，et al. A 360-degree floating 3d display based on light field regeneration［J］. Optics express，2013，21（9）：11237-11247.

角分辨率[①]，而 Lee 等人所实现的基于投影的光场显示系统可实现 7.5 视点 /度的角分辨率[②]。

然而，多层液晶显示会有视点串扰严重和显示景深小的问题，基于投影的光场显示会面临系统光路厚重、调试困难、亮度不均匀等问题。此外，Takaki 等人提出了使用多个子 3D 显示系统耦合为一个显示系统的角分辨率提升方法[③]。该方法的原型显示系统可实现 10.8 视点 / 度的角分辨率，但是这种方法会出现子系统耦合调试困难的问题。随后，Takaki 等人提出实时构建密集视点的显示方法，基于左眼、右眼的位置，实时构建可分别被两眼观察到的不同视点，同时保证单眼可以看到两个以上的视点[④]。在基于该方法实现的原型系统中，角分辨率可达 6.1 视点 / 度。这种方法是针对人眼的超密集视点显示方法，可以激励人眼视觉系统获得正确的单眼调节距离，消除传统裸眼 3D 显示辐辏和调节矛盾的问题。然而，这种显示方法没有涉及视点串扰抑制的相关研究，视点串扰恶化了 3D 显示质量。

2. 提升空间分辨率的裸眼 3D 显示方法

为了提升空间分辨率，Javadi 等人使用动态透镜阵列来克服光场重建空间分辨率的奈奎斯特极限，明显提升了集成成像的空间分辨率[⑤⑥]。该

① CHEN D，SANG X Z，YU X B，et al. Performance improvement of compressive light field display with the viewing-position-dependent weight distribution［J］. Optics express，2016，24（26）：29781-29793.

② LEE J H，PARK J Y，NAM D，et al. Optimal projector configuration design for 300-mpixel light-field 3d display［J］. Optics express，2013，21（22）：26820-26835.

③ TAKAKI Y，NAGO N. Multi-projection of lenticular displays to construct a 256-view super multi-view display［J］. Optics express，2010，18（9）：8824-8835.

④ TAKAKI Y，TANAKA K，NAKAMURA J. Super multi-view display with a lower resolution flat-panel display［J］. Optics express，2011，19（5）：4129-4139.

⑤ JANG J S，JAVIDI B. Improved viewing resolution of three-dimensional integral imaging by use of nonstationary micro-optics［J］. Optics letters，2002，27（5）：324-326.

⑥ KISHK S，JAVIDI B. Improved resolution 3d object sensing and recognition using time multiplexed computational integral imaging［J］. Optics express，2003，11（26）：3528-3541.

方法提升空间分辨率的程度由显示器的刷新率和响应时间决定。这种方法的缺陷是显示系统稳定性差，不具有应用推广的前景。此外，Kim 等人基于点光源阵列实现集成成像的方法，提出了利用电控可移动的微针孔阵列来同时提升空间分辨率和视角的方法[①]。在该方法的原型系统中，空间分辨率较传统集成成像增大了 4 倍。同上述方法一样，该方法的显示系统稳定性差，并且光能利用率低。Jang 等人控制单投影机以时间顺序投射特定的基元图像阵列到控光组件上，实现了集成成像系统空间分辨率的时空复用，成倍提升了显示空间分辨率[②]。在该方法的原型系统中，总空间分辨率提升为原来的 6 倍。但是，这种方法需要搭建的光路较长，并需要大空间的支持才能运行，并且精确实现单投影机时空投射的调试难度大。基于利用点光源阵列实现集成成像的方法，Wang 等人设计了方向性背光光源代替传统的散射背光源，以提供多束具有不同特定方向角的准直背光光束，来照射透镜阵列形成密集的点光源阵列，最终实现空间分辨率的数倍提升[③]。该方法的原型系统实现了空间分辨率 3 倍的提升。但是，该方法没有考虑对光学元件的像差抑制，使用方向性背光光源会增大光学元件的像差，恶化点光源阵列的成像质量，进而降低了 3D 显示质量。

① KIM Y H, KIM J W, KANG J M, et al. Point light source integral imaging with improved resolution and viewing angle by the use of electrically movable pinhole array [J]. Optics express, 2007, 15（26）：18253-18267.
② JANG J S, OH Y S, JAVIDI B. Spatiotemporally multiplexed integral imaging projector for large-scale high-resolution three-dimensional display [J]. Optics express, 2004, 12（4）：557-563.
③ WANG Z, WANG A T, MA X H, et al. Resolution-enhanced integral imaging display using a dense point light source array [J]. Optics communications, 2017, 403：110-114.

二、显示分辨率提升的研究意义

裸眼 3D 显示的分辨率是决定 3D 显示质量的重要因素，对裸眼 3D 显示分辨率的提升研究是促进裸眼 3D 显示技术发展与进步的关键。区别于传统的平面显示分辨率，3D 显示分辨率包括角分辨率和空间分辨率。角分辨率为单位角度内的视点数目，表征 3D 信息显示的连续性。提升角分辨率可以增强立体显示内容的视觉连续性，使 3D 影像具有连续平滑的运动视差，并且高角分辨率也可以解决传统裸眼 3D 显示技术面临的辐辏和调节矛盾的问题。空间分辨率为视点光线汇聚形成的二次光源数量，表征 3D 影像显示的精细程度，是提升显示清晰度的重要因素，决定了 3D 数据信息表达的精确度。因此，提升显示分辨率是实现高质量裸眼 3D 显示的关键。

3D 显示角分辨率的示意图如图 1-8 所示。假设裸眼 3D 显示器的视角为 θ、视点数目为 k，则其角分辨率 φ_R 可表示为式（1-1）。角分辨率不足会导致 3D 影像运动视差不连续、断裂感严重的问题，传统的裸眼 3D 显示技术因为可构建的视点数目少，会有角分辨率不足的问题，所呈现的 3D 影像运动视差不连续、断裂感严重。这是传统裸眼 3D 显示技术面临的主要问题之一[①]。

$$\varphi_R = k/\theta \qquad\qquad （1\text{-}1）$$

① YU X B, SANG X Z, XING S J, et al. Natural three-dimensional display with smooth motion parallax using active partially pixelated masks［J］. Optics communications, 2014, 313: 146-151.

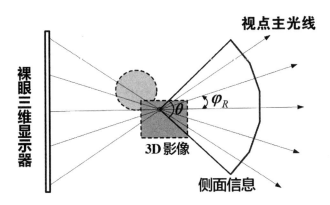

图 1-8 裸眼 3D 显示角分辨率示意图

此外，由于角分辨率不足，传统裸眼 3D 显示技术无法准确呈现原始场景的调节激励与视觉模糊激励，会出现辐辏和调节矛盾的问题[1][2][3]。传统的裸眼 3D 显示器只能提供双眼不同的视点信息用于产生辐辏激励，获得辐辏距离，但是对于调节，人眼会聚焦在发出光线的平面显示器上，形成错误的调节距离，如图 1-9a 所示。调节距离与辐辏距离的不一致，导致人眼观看 3D 影像时出现眩晕感。当角分辨率足够大时，单眼可以看到两个以上的视点信息，这样可以再现场景中任意一物点的密集采样光线，进而被单眼接收，形成与辐辏距离一致的单眼调节激励，消除辐辏和调节的矛盾，如图 1-9b 所示。Takaki 提出对于激励单眼产生正确的调节距离而言，角分辨率应该达到每度 2.5 个到 5 个视点[4]。

① HOFFMAN D M，GIRSHICK A R，AKELEY K，et al. Vergence-accommodation conflicts hinder visual performance and cause visual fatigue［J］. Journal of vision，2008，8（3）：1-30.

② HUANG H，HUA H. Systematic characterization and optimization of 3d light field displays［J］. Optics express，2017，25（16）：18508-18525.

③ TAKAKI Y. High-density directional display for generating natural three-dimensional images［J］. Proceedings of the IEEE，2006，94（3）：654-663.

④ TAKAKI Y. High-density directional display for generating natural three-dimensional images［J］. Proceedings of the IEEE，2006，94（3）：654-663.

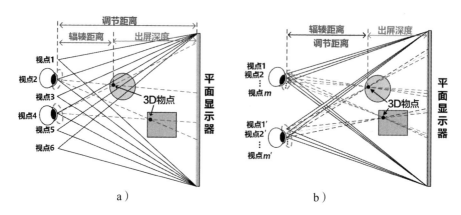

图1-9 辐辏和调节矛盾产生的原理（a）与实现辐辏和调节距离一致的原理（b）

空间分辨率是裸眼 3D 显示所构建多视点光线汇聚而成的二次光源的数量[①]。二次光源也可被当作空间像素，根据视点光线构建方法的不同有多种形式，如基于狭缝光栅的视点立体显示中的狭缝、基于柱透镜光栅的视点立体显示中的柱透镜、基于透镜阵列的集成成像中的透镜等，这些都是多视点光线汇聚而成的二次光源。二次光源发出具有不同颜色、强度和方向角度的视点光线可在空间中构建视点，再现 3D 影像。图 1-10 是基于狭缝光栅的立体显示的空间分辨率示意图，狭缝光栅上单个狭缝形成构建 3D 影像的空间像素，全部空间像素构成了显示的空间分辨率。

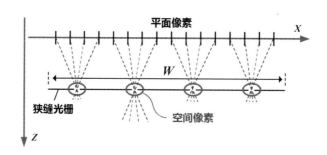

图1-10 基于狭缝光栅的视点立体显示的空间分辨率示意图

① ZWICKER M，MATUSIK W，DURAND F，et al. Antialiasing for automultiscopic 3d displays［C］// Association for Computing Machinery. Proceedings of the 17th Eurographics conference on Rendering Techniques，2006.

空间分辨率表征了 3D 显示系统再现 3D 影像的精细程度，并决定了显示系统的空间频率带宽。假设 3D 显示系统空间分辨率和空间频率带宽分别为 R_s 和 B_s，根据奈奎斯特采样定律有，

$$B_s \leqslant \left| \frac{\pi(R_s - 1)}{W} \right| \tag{1-2}$$

式中，W 表示控光元件的宽度。从式（1-2）可得，当 3D 显示幅面一定时，空间分辨率越大，系统的空间频率带宽越大，再现的 3D 影像清晰度也就越高。如果空间分辨率不足，3D 数据可视化会出现信息表达不精确、有效性差和信息缺失的问题。

实际上，因为硬件性能的限制，裸眼 3D 显示的空间信息量有限，目前能显示的空间信息量仍然无法满足人们的需求。在这个前提下，需要权衡裸眼 3D 显示的视角和分辨率，在保证视角可接受的前提下最大化提升显示分辨率。

本书基于视点立体显示技术和光场显示技术的原理，并借鉴现有提升裸眼 3D 显示角分辨率和空间分辨率的方法和思路，进行裸眼 3D 显示分辨率提升方法的研究。在保证显示视角可接受的前提下，拟提出提升角分辨率和空间分辨率的理想方法，使呈现的 3D 影像具有平滑的运动视差、自然的深度信息表达和清晰细腻的成像效果，以实现高质量的 3D 显示效果并促进裸眼 3D 显示技术的应用和发展。

第四节　本书主要的内容和结构安排

本书研究提升裸眼 3D 显示分辨率的方法，主要内容和结构安排如下。

第一章概述裸眼 3D 显示技术和目前对裸眼 3D 显示分辨率研究的发展状况，并提出提升显示分辨率的意义。裸眼 3D 显示技术是显示技术下

一阶段重要的发展方向，相比 2D 平面显示技术，不仅可以提供光强与色彩信息，还可以提供深度信息，从而使观察者感知到所显示场景中物体的尺寸与空间位置，实现自由立体显示效果。裸眼 3D 显示技术分为全息显示技术、体 3D 显示技术、视点立体显示技术和光场显示技术。视点立体显示技术和光场显示技术可以实现大尺寸、全彩色、高动态的 3D 显示效果，是目前裸眼 3D 显示技术研究的热点问题。本章就提升裸眼 3D 显示分辨率的研究意义进行论述，说明了分辨率对实现高质量的裸眼 3D 显示的重要作用。

第二章首先阐述立体视觉原理，人类视觉系统可以依靠心理因素和生理因素形成立体视觉，从而感知立体场景，其中心理因素包括透视、遮挡、光照阴影、纹理、先验知识；生理因素包括调节、辐辏、运动视差和双目视差。然后，阐明视点立体显示技术的原理，包括基于狭缝光栅的视点立体显示原理和基于柱透镜光栅的视点立体显示原理。本章着重论述光场模型和两种光场显示原理，包括集成成像原理和基于全息功能屏的光场显示原理。接着，本章对基于透镜的成像原理做了引述。最后，本章对光学系统的像差优化理论基础进行介绍。本章所阐述的视点立体显示原理和光场显示原理是本书开展裸眼 3D 显示分辨率提升方法研究的理论基础。本书基于光学系统的像差优化理论，设计了具有像差抑制能力的光学系统，以实现高质量的 3D 显示效果。

第三章针对传统裸眼 3D 显示角分辨率低的问题，基于集成成像全视差光场构建原理，提出高角分辨率的水平光场构建方法，设计并制作微针孔单元阵列和非连续柱透镜阵列对平面像素进行像素水平化调制。在平面像素资源有限的条件下，实现高角分辨率的光场显示效果，使再现的 3D 影像具有平滑的运动视差和高质量的显示效果。微针孔单元阵列可对平面像素发出的光线进行控制，水平化调制像素转化为水平视点的角分辨率。对比折射式控光元件，基于小孔遮光原理的微针孔单元阵列具有无像差精准控光的优势。本章针对使用微针孔单元阵列解决了像素水平化调制过程中出现的光能利用率低的问题，设计与微针孔单元阵列具有相同像素水平化调制能力的非连续柱透镜阵列来提升光能利用率，提高 3D 影像亮度以改善显示效果。

第四章利用视点优化思路，研究并设计了一种基于时空复用定向投射光信息的桌面悬浮集成成像方法，实现了高质量的桌面式 3D 显示效果。首先以定向准直背光光源、双凸非球面透镜阵列作为光学定向成像系统，然后利用器械旋转平台旋转该光学定向成像系统，以时空复用的方式拼接定向成像子视区，形成 360° 柱状视区。这种柱状形态分布的视区有效提高了空间信息利用率，使坐在或站在屏幕周围的观察者观察到高质量的 3D 显示效果。这种方法显示的全视差桌面 3D 影像结构清晰，并且不同部分的相对空间位置关系正确，保证了观察者对空间感知的准确判断。

第五章针对传统裸眼 3D 显示技术存在的辐辏和调节矛盾问题，提出一种低串扰、高分辨率的光场显示方法，该方法基于单方向准直背光光源和小节距微针孔单元阵列来实现抑制串扰的超高角分辨率光场显示。对于利用小节距微针孔单元阵列构建的超高角分辨率水平光场，使用垂直方向准直背光代替散射背光作为光源，可以有效抑制邻行像素的杂散光串扰，实现对超高角分辨率光场显示串扰的有效抑制。本章利用眼动仪实时追踪人眼空间位置，并基于实时入瞳光场再现方法，使显示视角与显示分辨率分离，在大视角显示的同时，使 3D 影像具有高角分辨率和高空间分辨率，可渲染出自然的单眼调节激励，消除辐辏与调节的矛盾，最终实现具有自然空间深度信息表达的高质量 3D 显示效果。

第六章针对传统集成成像空间分辨率低的问题，提出时空复用透镜拼接的高分辨率、大视角集成成像方法。设计抑制像差的方向性时间序列背光光源，以时间顺序依次产生特定方向角的准直背光光束。设计合适的系统参数，使这些准直背光光束通过透镜阵列中相邻透镜可以汇聚形成点光源阵列，这样在空间中可以以时空复用的方式获得为透镜数目若干倍的点光源，实现对传统集成成像方法空间分辨率成倍的提升。该方法可在提升空间分辨率的同时，使透镜阵列的有效节距为固有节距的若干倍，实现视角的明显增大。

第七章针对裸眼 3D 显示系统现实中不可避免的装配误差、制作误差所引起的外部串扰问题，提出基于校准卷积神经网络的外部串扰抑制方法。外部串扰会严重恶化裸眼 3D 显示分辨率，并减小显示景深。本章所提方法基于深度卷积神经网络和透镜的空间频率响应，首先对具有外部串扰的 3D 成像进行建模，从而精准标定引起串扰的像素。然后根据光场采集与重建模型，对引起串扰的像素进行空间信息再采集和修正，实现对外部串扰的有效抑制，从而确保高质量的 3D 显示效果。

第八章首先对本书研究内容和创新性进行总结，并阐明了各章内容之间的关联性。然后从学术和工程两个维度，对本书在裸眼 3D 显示领域的影响和价值以及社会效益方面进行讨论。

第五节　本章小结

本章首先论述了裸眼 3D 显示技术对于社会具有的重要意义，并说明了该项技术目前的问题，如观看视角小、分辨率提升困难、显示景深受限。然后，介绍了本书的主要内容，即针对裸眼 3D 显示技术分辨率这个关键指标，开展显示分辨率提升的研究。此外，本章介绍了裸眼 3D 显示技术的分类及技术原理，包括全息显示技术、体 3D 显示技术、视点立体显示技术、光场显示技术。本章重点探讨了提升裸眼 3D 显示分辨率的意义，以及目前裸眼 3D 显示分辨率提升的研究现状，并指出了现有典型方法的不足。最后，本章介绍了本书的具体研究内容和结构。

第二章 裸眼3D显示基本理论

本章首先阐述人眼感知客观 3D 场景的立体视觉原理,包括透视、遮挡、光照阴影、纹理、先验知识五方面,以及调节、辐辏、运动视差和双目视差四方面。然后,本章阐述视点立体显示原理和光场显示原理。关于视点立体显示原理,本章从基于狭缝光栅的视点立体显示原理和基于柱透镜光栅的视点立体显示原理这两方面进行阐明。本章从光场模型和两种光场显示原理的角度阐述光场显示原理,两种光场显示原理分别为集成成像原理和基于全息功能屏的光场显示原理,其中基于全息功能屏的光场显示原理着重论述基于全息功能屏的波前调制原理。接着,本章以透镜为例概述光学成像系统的理论基础。最后,本章阐述光学系统像差优化理论基础,包括非理想光学系统的像差、非球面光学系统、光学成像质量评价方法和图像质量评价方法。本章所介绍的理论方法是本书研究的理论基础。

第一节 立体视觉原理

人类视觉系统可以依靠心理因素和生理因素形成立体视觉,从而感知立体场景[①②③]。心理因素包括透视、遮挡、光照阴影、纹理、先验知识，是人类在成长过程中面对客观的 3D 世界所学习和掌握的后天认知。生理因素包括调节、辐辏、运动视差和双目视差，是人眼观看客观世界光场光线分布特征的具体表现。立体视觉原理是裸眼 3D 显示技术设计实现的基础，也是本书第五章提出的可消除辐辏与调节矛盾问题的光场显示方法的理论基础。

人类在感受客观世界的过程中，所产生的立体视觉可划分为 3 个层次：①只依靠心理视觉暗示，大脑被"欺骗"形成的伪立体视觉；②依靠心理因素以及辐辏、运动视差和双目视差获得的不自然立体视觉，缺少单眼聚焦和聚焦模糊；③依靠心理因素和完整的生理因素而获得的自然立体视觉，可以再现自然、真实的 3D 影像。

2D 平面显示设备如液晶显示器、投影仪等，通过对场景图片的处理，可呈现上述五方面的心理因素，使观察者形成第一层次的立体视觉。第二层次立体视觉的产生需要同时具备辐辏和双目视差，其无法通过平面显示设备来呈现。生理因素是获得真实立体视觉的必备因素，提供必要甚至完整的生理因素是裸眼 3D 显示技术与 2D 平面显示技术最根本的区别。下面解释 4 种生理因素。

（1）调节（聚焦）：如图 2-1a 所示，眼睛的晶状体相当于一个焦距可变的透镜，晶状体在不同的舒张程度下具有不同的焦距和曲率半径。人可利用肌肉的张力改变晶状体的舒张程度来使物体在视网膜上呈清晰倒立的实像，并依据此时晶状体的焦距和曲率半径来判断物体的远近。

（2）辐辏：如图 2-1b 所示，人类在观看某一物体时，会转动眼球使双眼注视的方向汇聚到这个物体上。双眼注视方向的夹角会随着物体的距离而改变，物体越近，双眼注视方向形成的夹角越大；物体越远，双眼注视方向形成的夹角越小。观察者可以依据双眼注视方向夹角的变化来判断物体的远近。

---

① 章海军. 视觉及其应用技术［M］. 杭州：浙江大学出版社，2004.
② 章明. 视觉认知心理学［M］. 上海：华东师范大学出版社，1991.
③ DAVID D J，HEMMY D C，COOTER R D. Craniofacial Deformities［M］. New York：Springer，1990.

（3）运动视差：如图 2-1c 所示，人类在不同角度观察物体，可以看到物体的侧面差异，这个差异形成了运动视差。当观察者水平运动时，近处的物体比远处的物体在视觉感官上具有更快的水平移动速度，由此可依据运动视差来判断物体相对位置的深度关系。

（4）双目视差：如图 2-1d 所示，人类的双眼存在一定的间距，在观看某一物体时，左右眼获取的图像会存在差异，这个差异被称为双目视差，并且所观察的物体离双眼越近，差异越大。因此，观察者可以根据双目视差的差异判断物体所处位置。

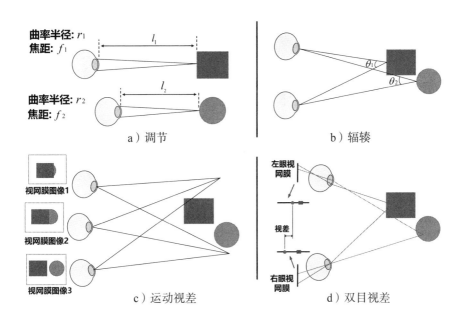

图2-1　人类感知深度信息的4种生理因素

第二节　视点立体显示原理

视点立体显示利用控光元件对基元图像像素发出的光线进行控制，可以在空间中的特定位置构建视点，从而呈现出双目视差和辐辏这两种立体视觉生理因素激励，实现真 3D 显示。利用平面显示设备配合狭缝光栅或柱透镜光栅的视点立体显示方法是目前唯一商用的真裸眼 3D 显示方法。该方法的显示系统具有结构简单、造价低廉的优点，深受工业界的青睐。

在基于狭缝光栅的视点立体显示方法中，平面显示设备的像素发出的光线在特定角度范围内被狭缝光栅遮挡，并且只能以特定小角度出射在空间中汇聚形成视点。在基于柱透镜光栅的视点立体显示方法中，柱透镜光栅折射像素发出的光线使其以特定的角度出射，并在空间中汇聚形成视点。观察者的左眼、右眼分别观察到不同的视点后，双目视差和辐辏生理因素被呈现出来，激励人眼形成立体视觉 [1][2][3][4][5][6][7]。然而，仅能呈现双目视差和辐辏的视点立体显示方法有角分辨率不足、运动视差不连续的问题，再现的 3D 影像断裂感严重。此外，视点立体显示方法无法正确渲染出与辐辏距离一致的调节距离，会使观众产生眩晕感 [8]。

① LV G J, WANG Q H, WANG J, et al. Multi-view 3d display with high brightness based on a parallax barrier [J]. Chinese optics letters, 2013, 11（12）: 121101-121103.

② LV G J, WANG J, ZHAO W X, et al. Three-dimensional display based on dual parallax barriers with uniform resolution [J]. Applied optics, 2013, 52（24）: 6011-6015.

③ ZHANG Q, KAKEYA H. Time-division quadruplexing parallax barrier employing RGB slits [J]. Journal of display technology, 2016, 12（6）: 626-631.

④ ZHOU L, TAO Y H, WANG Q H, et al. Design of lenticular lens in autostereoscopic display [J]. Acta photonica sinica, 2009, 38（1）: 30-33.

⑤ XIE H B, YANG Y, ZHAO X, et al. Applications of parallax barrier, lenticular lens array and their modified structures to three-dimensional display [J]. Chinese optics letters, 2011, 4（6）: 562-570.

⑥ ZHAO W X, WANG Q H, WANG A H, et al. Autostereoscopic display based on two-layer lenticular lenses [J]. Optics letters, 2010, 35（24）: 4127-4129.

⑦ UREY H, CHELLAPPAN K V, ERDEN E, et al. State of the art in stereoscopic and autostereoscopic displays [J]. Proceeding of the IEEE, 2011, 99（4）: 540-555.

⑧ WANG P R, SANG X Z, YU X B, et al. Demonstration of a low-crosstalk super multi-view light field display with natural depth cues and smooth motion parallax [J]. Optics express, 2019, 27（23）: 34442-34453.

本节阐述典型的基于狭缝光栅的视点立体显示原理和基于柱透镜光栅的视点立体显示原理，这部分内容是设计新型控光元件的基础。

一、基于狭缝光栅的视点立体显示原理

传统的基于狭缝光栅的视点立体显示系统由平面显示器和狭缝光栅组成，如图 2-2 所示。平面显示器上加载具有多视点信息的基元图像阵列，狭缝光栅对平面像素发出的光线进行控制，使发出的光线在空间中汇聚形成不同的视点区域，这些视点组成了裸眼 3D 显示的观看视窗。图 2-2 是由 4 个视点区域组成的视窗，相邻视点具有相互重叠的区域，因此会有视点串扰。如果视点串扰足够小，人眼可以分辨不同的视点，从而产生有效的双目视差，实现 3D 影像的再现。

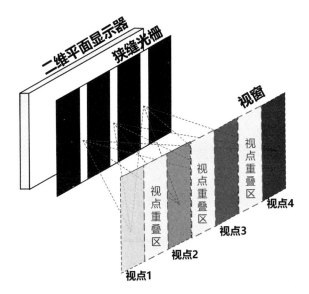

图 2-2　基于狭缝光栅的视点立体显示原理（1）

基于狭缝光栅的视点立体显示系统参数包括所用平面显示器的像素尺寸 W_p、平面显示器与狭缝光栅的距离 g、狭缝光栅一个节距周期内的开孔

宽度 W_b 和遮光宽度 W_s、最佳观看距离 L 以及视点间距离 Q，如图 2-3 所示。图 2-3 是基于狭缝光栅的视点立体显示的原理，基于几何光学，可以得出系统参数之间的关系为

$$\frac{W_b}{W_p} = \frac{L}{L+g} \tag{2-1}$$

$$K = \frac{W_b + W_s}{W_b} \tag{2-2}$$

$$\frac{W_p}{Q} = \frac{L}{g} \tag{2-3}$$

式中，K 表示视点数目。参数 W_w 表示狭缝光栅的节距，有如下表达式

$$W_w = W_s + W_b \tag{2-4}$$

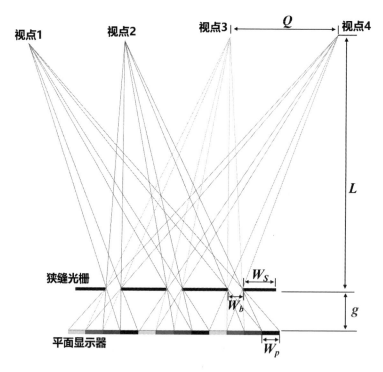

图 2-3　基于狭缝光栅的视点立体显示原理（2）

在设计基于狭缝光栅的视点立体显示系统的过程中，要使视点间距 Q 小于人左眼、右眼的瞳距，保证左眼和右眼在视区内看到的是不同的视点，形成双目视差获得立体感。狭缝光栅可以由激光打印 PET 材料或者玻璃获得，因此具有成本低、尺寸易于扩展的优点，但是其光能利用率低，需要配合高亮度的平面显示器使用。狭缝光栅可以用于搭建大尺寸的裸眼 3D 显示器。

二、基于柱透镜光栅的视点立体显示原理

典型的基于柱透镜光栅的视点立体显示系统示意图如图 2-4 所示。柱透镜光栅放置在平面显示器的前方，平面显示器上的像素相对于柱透镜光栅中柱透镜的光轴具有不同的相对位置，所以不同的像素所发出的光线通过柱透镜光栅后以不同的折射角出射，也就是说柱透镜光栅对平面显示器上的像素进行了空间信息的调制。通过柱透镜光栅调制后的光线在空间中汇聚，可以形成若干视点。观察者在特定的观看距离上，左眼和右眼可以观察到不同的视点，形成双目视差进而产生立体视觉，感知到有明显的出入屏深度的 3D 影像。

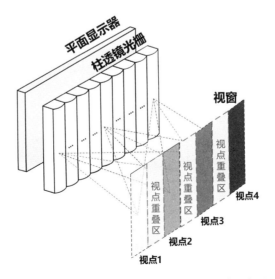

图 2-4 基于柱透镜光栅的裸眼 3D 显示系统示意图

　　柱透镜的作用是将平面像素所呈现的 2D 信息转化为包含方向信息的 3D 信息，形成具有特定强度、色彩和方向角的视点光线。在基于柱透镜光栅的视点立体显示系统中，平面显示器处于柱透镜光栅的物方焦面上，处于平面显示器上的像素发出的光线经过柱透镜的控光后形成过透镜光心的平行光线束，这样具有不同相对位置的像素发出的光线通过柱透镜光栅后形成具有不同方向角的平行光线束，这些光线束在空间中汇聚形成不同的视点。设计柱透镜光栅的主要参数包括材料折射率 n、光栅厚度 d、柱面透镜截距 p、透镜焦距 f 和曲率半径 r。光栅厚度 d、透镜截距 p 和曲率半径 r 决定立体显示器的系统显示参数，如最佳观看距离、视点间距等。图 2-5 所示为单柱透镜控光原理，H_1 表示柱透镜的第一主平面，H_2 表示柱透镜的第二主平面，F 是柱透镜的物方焦平面。基于几何光学，主平面与焦平面位置关系的数学关系如下

$$f = \frac{r}{n-1} \tag{2-5}$$

$$x_H = \frac{d}{n} \tag{2-6}$$

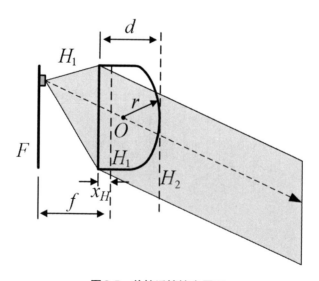

图 2-5　单柱透镜控光原理

图 2-6 为柱透镜光栅形成视点的原理，以形成 $N=4$ 个视点为例来说明。假设平面显示器的像素宽度为 W_p，平面显示器与柱透镜光栅的间距为 g，柱面透镜光栅的透镜截距为 W_s，所构建的视点与柱透镜光栅的距离为 L，视点间距为 Q。基于几何光学，由柱透镜光栅的控光原理可推导出以上参数的数学关系为

$$Q = \frac{L}{g} W_p \qquad\qquad (2\text{-}7)$$

$$\frac{W_s}{N \times W_p} = \frac{L}{g + L} \qquad\qquad (2\text{-}8)$$

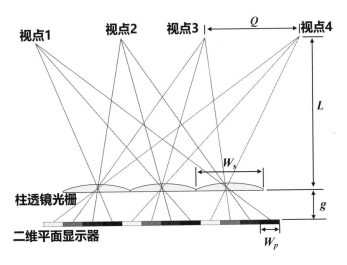

图2-6　基于柱透镜光栅的裸眼3D显示原理

狭缝光栅和柱透镜光栅的控光机理的不同之处在于，狭缝光栅是通过小孔遮挡实现对光线的控制，而柱透镜光栅是通过柱透镜对光线的折射进行定向控光的。由于在设计制作狭缝光栅时，往往考虑要降低视点立体显示的串扰率，因此狭缝光栅的开孔会十分小，从而导致狭缝光栅的光能利用率低，立体显示亮度低。相比狭缝光栅，柱透镜光栅拥有高透光率，因此其光能利用率高，但是柱透镜光栅的控光精度会受到像差的影响，造价也会高于狭缝光栅。

第三节　光场显示原理

光场显示通过对原始光场中光线的方向角、色彩和强度信息的采样和拟合，可为人眼提供有效的调节和辐辏激励、平滑的运动视差和正确的双目视差，满足人眼产生立体视觉完整的生理因素需求，自然、真实地再现3D影像。

本节介绍光场模型和两类典型的光场显示方法原理，分别为集成成像和基于全息功能屏的光场显示原理。这是本书所提出的光场显示方法的理论基础。此外，本节将对光学系统的像差优化理论基础进行说明，此部分内容是构建光场显示方法的光学系统的理论基础。

一、光场模型

光场模型可以完整地描述空间中的光线分布，是实现光场显示技术中光场采集与光场再现的理论基础。光场的概念于1936年由Gershun首次提出，被定义为以任意角度通过空间中任意点的传播光线的集合，用来表征空间中光辐射照度的分布特征[1]。Adelson和Bergen于1991年首次定义了全光函数[2]，用于描述空间中传播的可见光光线在任意点和任意时间的强度。全光函数可以由光线的7个维度来定义。全光函数的数学表达式在笛卡儿坐标系中可以表示为

---

① GERSHUN A. The Light Field ［J］. Studies in applied mathematics，1939，18（1-4）：51-151.

② ADELSON E H，BERGEN J R. The plenoptic function and the elements of early vision ［M］//LANDY M，Movshon J A. Computational models of visual processing. Cambridge：MIT Press，1991：3-20.

$$L = L(x, y, \lambda, t, V_x, V_y, V_z) \qquad (2\text{-}9)$$

式中，(x, y) 为光线出射点的平面坐标，λ 表示可见光的波长，t 为该光线在空间传播的时刻，(V_x, V_y, V_z) 为接收到该光线的位置。1996 年，Levoy 和 Hanrahan 提出了光线在自由空间中传播时强度不衰减的条件[①]，进而简化全光函数为 4D 形式，并用笛卡儿坐标系中的两个相互平行的平面对其进行描述。

如图 2-7 所示，具有一定方向的光线依次穿过两个相互平行的平面，分别相交于点 (u, v) 和 (s, t)，它们分别表示相机光瞳平面的坐标和成像平面的坐标，全光函数可用 4D 的形式表示为 $L(u, v; s, t)$。

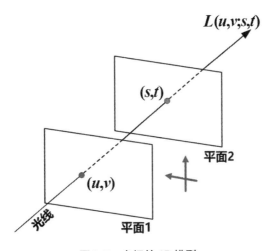

图 2-7　光场的 4D 模型

光场采集和再现的原理如图 2-8 所示，光场采集过程与再现过程是逆过程。图 2-8a 为光场采集原理，目标物体发出的任意光线通过采集平面 1 和采集平面 2 获得光场 4D 模型的参数化表示，其中的 3 条光线分别被表

---

① LEVOY M，HANRAHAN P. Light field rendering［C］// Association for Computing Machinery. SIGGRAPH96：23rd International Conference on Computer Graphics and Interactive Techniques，1996.

示为 $L_1(u_1,v_1;s_1,t_1)$、$L_2(u_2,v_2;s_2,t_2)$、$L_3(u_3,v_3;s_3,t_3)$，完成相机阵列对目标物体4D 光场的记录。图 2-8b 为光场再现原理，通过调制平面 1 和调制平面 2 对光线的方向角进行调制，可以实现光场采集的逆过程，重构目标物体原始光场被采集的光线，如光线 $L_1'(u_1',v_1';s_1',t_1')$、$L_2'(u_2',v_2';s_2',t_2')$、$L_3'(u_3', v_3';s_3',t_3')$ 为采集光线 $L_1(u_1,v_1;s_1,t_1)$、$L_2(u_2,v_2;s_2,t_2)$、$L_3(u_3,v_3;s_3,t_3)$ 的对应重构光线，从而在空间中构建拟合原始光场的再现光场，呈现自然、真实的 3D 影像。光线的强度和色彩在光场采集的过程中被相机阵列中相应的CCD 所记录，并且在光场再现过程中通过控制平面显示器调节像素发出的光线，保证经过两个调制平面后重建的光线与 CCD 所记录的原始光线的强度、色彩保持一致。

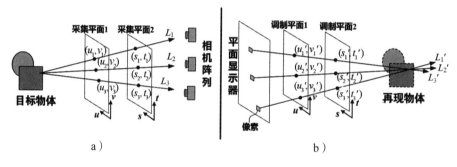

图2-8 光场采集原理（a）和光场再现原理（b）

二、集成成像原理

Lippmann 于 1911 年提出集成成像的概念，这是光场显示的一种重要形式，并被认为是实现全彩色、高动态的一种理想裸眼 3D 显示方法。集成成像是基于对原始物体光场的数字化采集与再现来呈现 3D 影像的显示方法，其中光场采集与再现互为逆过程，它们的原理如图 2-9 所示。在光场采集过程中，真实物体表面任意一点的光线在通过不同的透镜之后被 CCD 阵列记录为子图像阵列，这些子图像中包含了 3D 场景不同侧面的信息，如图 2-9a 所示。在光场再现的过程中，被记录获得的子图像阵列携带光场光线的颜色和强度信息，经过恰当的图像处理之后在显示器的像素平面上显示，透镜阵列放置在像素平面前方，根据光路可逆的原理，承载相应不同侧面信息的像素发出的光线经过透镜阵列调制之后将以特定的方向角出射，形成拟合原始光场的光线的光矢量场，完成光场的数字化再现还原，呈现出自然、真实的 3D 影像，如图 2-9b 所示。

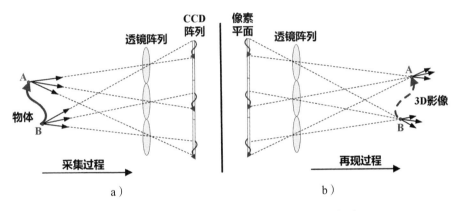

图2-9　光场采集原理（a）与光场再现原理（b）

集成成像在进行光场采集和再现的过程中会遇到深度反转的问题，也就是显示的 3D 影像上各个点的深度关系是颠倒的。如图 2-10 所示，在采集过程中，物体的上端点 A 距离透镜阵列较下端点 B 更远，所以可以将 A 点称为后景，将 B 点称为前景。在光场再现过程中，根据光路可逆原理，3D 影像的 A 点位置较之于 B 点会更加远离透镜阵列。这样当人处于透镜阵列前方观看 3D 影像时，会观测到 A 点的位置比 B 点的位置更加接近人眼，与所采集的深度关系相反，并且与实际情况相矛盾，导致所显示的 3D 影像遮挡关系错误。

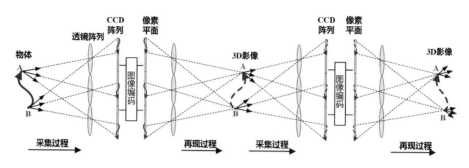

图2-10　两步采集方法克服集成成像深度反转问题

深度反转的问题在 1931 年首次被 Ives 提出，并且 Ives 同时提出了有效解决深度反转问题的两步光场采集方法[①]。在集成成像完成对光场的采集和再现后，再对所显示的 3D 影像进行第二次的采集与再现，根据光的可逆原理，深度反转两次可以呈现正确的深度关系，从而保证 3D 影像具有正确的遮挡关系，如图 2-10 所示。

基于透镜阵列的集成成像系统中透镜的成像距离可由下式计算得出

$$\frac{1}{g} + \frac{1}{L} = \frac{1}{f} \tag{2-10}$$

其中 g 表示透镜阵列与像素平面的距离，L 表示成像平面与透镜阵列的距离，f 表示透镜的焦距。

基于透镜阵列的集成成像有 3 种显示模式：实像模式、虚像模式和聚焦模式。这 3 种显示模式是由透镜阵列与像素平面的距离 g 和透镜的焦距 f 决定的，当 $g>f$ 时是实像模式，当 $g<f$ 时是虚像模式，当 $g=f$ 时是聚焦模式。

在实像模式下，如图 2-11a 所示，根据透镜的成像特性，像素平面上的像素发出的光线通过透镜之后汇聚在透镜前方的一个平面上，这个平面是像素平面的共轭平面，被称为参考平面。处于参考平面上的空间重构点

①　IVES H E. Optical properties of a lippmann lenticulated sheet [J] . Journal of the optical society of America，1931，21（3）：171-176.

为平面像素的共轭像，因此这些点所组成的 3D 影像具有较高的分辨率。然而，远离参考平面的空间重构点会因为错切变为弥散斑，使得再现的 3D 影像分辨率下降。错切现象是由透镜成像和 3D 成像机理之间的矛盾引起的，此时参考平面和重构平面的位置不一致①。当空间重构点所组成的重构平面与参考平面距离较大时，弥散斑会急剧恶化 3D 成像质量，因此实像模式所呈现的 3D 影像景深受限，所以实像模式又可以被认为是分辨率优先的集成成像方法。

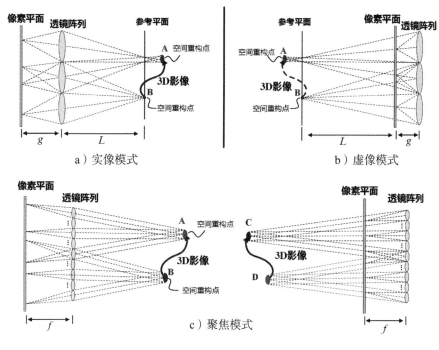

a）实像模式　　　　　　　　　　b）虚像模式

c）聚焦模式

图2-11　集成成像不同模式下的原理

在虚像模式下，如图 2-11b 所示，像素平面上的像素发出的光线向后延长并汇聚在透镜阵列后方的一个平面上，此时参考平面位于显示器后方。

---

① YANG S W，SANG X Z，GAO X，et al. Influences of the pickup process on the depth of field of integral imaging display［J］. Optics communications，2017，386：22-26.

在这种模式下显示的 3D 影像位于透镜阵列后方，成像性质与实像模式类似，当重构平面与参考平面重合时，3D 影像具有较高分辨率，同时因为错切现象的存在，再现的 3D 影像景深受限。

在聚焦模式下，如图 2-11c 所示，像素平面的共轭平面处于无穷远处，也就是参考平面位于无穷远，此时参考平面和重构平面之间位置不统一的矛盾就解决了，使得所重构的 3D 影像景深不约束于错切现象，从而获得大景深。然而，这种模式下，重构 3D 影像的空间重构点的尺寸理论上与透镜的尺寸相同，3D 影像的分辨率损失较为严重。因此，聚焦模式被认为是景深优先的集成成像方法。

随着集成成像相关技术的发展，除了以上 3 种模式，还有第 4 种模式，即点光源阵列模式。基于点光源阵列的集成成像在 2005 年由 Park 提出，与传统集成成像的区别在于，使用了准直光而非散射光作为集成成像的背光[①]。基于点光源阵列的集成成像系统由光源、准直透镜、液晶面板和透镜阵列组成，如图 2-12 所示。从准直透镜发出的准直背光光束通过透镜阵列汇聚形成点光源阵列，从点光源阵列发出的光线具有特定的方向角，这些光线通过液晶面板后被调制携带有特定的强度和颜色信息，这样在液晶面板前方形成了光矢量场。光矢量场是对原始 3D 场景光场的数字化拟合，可以在空间中构建具有不同深度的空间物点，这些空间物点构建了自然、真实的 3D 影像，可以展示正确的遮挡关系、连续的运动视差和准确的空间深度线索。

---

① PARK J H, KIM J W, KIM Y H, et al. Resolution-enhanced three-dimension/two-dimension convertible display based on integral imaging [J]. Optics express, 2005, 13（6）: 1875-1884.

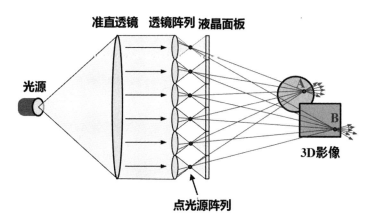

准直透镜　透镜阵列　液晶面板

光源

A

B

3D影像

点光源阵列

图2-12　基于点光源阵列的集成成像原理

　　集成成像是一种数字化的光场显示技术，因具有高动态、全彩色显示的优点而被广泛地研究。随着计算机技术的发展和光学加工工艺的进步，集成成像所面临的显示分辨率低和视角窄的缺点将被进一步改善，因此它被认为是一种具有前景的裸眼3D显示技术。

三、基于全息功能屏的光场显示原理

　　基于全息功能屏的光场显示是一种可实现高质量3D显示效果的光场显示方法。全息功能屏作为光信息处理元件，具有并行调制入射光波波前的能力，可对再现的离散光矢量场进行连续平滑处理，实现对原始光场的高质量拟合再现。全息功能屏是实现本书提出的显示方法的基础。

　　基于全息功能屏的光场显示原理如图2-13所示，利用相机阵列对光场进行采集，并用全息功能屏配合投影机阵列实现光场的再现，拟合原始光场信息，呈现出自然、真实、高质量的3D影像。在光场采集阶段，相机阵列对原始光场信息进行数字化采集，获得不同角度的离散光场信息，并记录在视差序列图中。视频服务器对视差序列图进行并行多路处理，并控制投影仪阵列投射相应的视差图到全息功能屏上。全息功能屏对不同角度的视差图光线进行光波前调制，使不同角度的离散光场信息连续平滑，拟合出采集缺失角度内的光场信息，实现对原始光场的高质量再现。

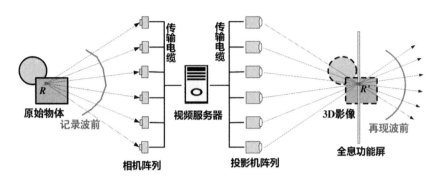

图 2-13　基于全息功能屏的光场显示原理

全息功能屏是基于定向激光散斑法制作的，具有特定大小的水平扩散角 ϕ_x 和垂直扩散角 ϕ_y[①]，在特定立体角 ω_i 内，其对光波前的调制特性可由调制函数 $T(x,y,0)$ 表示

$$T(x,y,0) = \delta(\frac{\alpha}{\lambda_l} - \frac{\alpha_i}{\lambda_l}, \frac{\beta}{\lambda_l} - \frac{\beta_i}{\lambda_l}) * \iint_{\omega_i} \exp\left\{i2\pi\left[\left(\frac{\alpha}{\lambda_l}x + \frac{\beta}{\lambda_l}y\right)x\right]\right\} \mathrm{d}(\frac{\alpha}{\lambda_l})\mathrm{d}(\frac{\beta}{\lambda_l})$$

$$= \iint_{\omega_i} \exp\left\{i2\pi\left[\left(\frac{\alpha}{\lambda_l} - \frac{\alpha_i}{\lambda_l}\right)x + \left(\frac{\beta}{\lambda_l} - \frac{\beta_i}{\lambda_l}\right)y\right]\right\} \mathrm{d}(\frac{\alpha}{\lambda_l})\mathrm{d}(\frac{\beta}{\lambda_l})$$

$$(2\text{-}11)$$

其中，$[\alpha_i, \beta_i]$ 为 ω_i 内水平视角和垂直视角，$\frac{\alpha}{\lambda_l}$ 和 $\frac{\beta}{\lambda_l}$ 为连续的角谱分量，(x,y) 表示空间 2D 坐标。

接下来，基于角谱理论，以全视差光场的构建为例，分析基于全息功能屏的光场显示原理。根据角谱理论可知，原始物体表面发出的光波可以表示为

$$\psi(x,y,z;\lambda_l;t) = \iint F_0\left(\frac{\alpha}{\lambda_l}, \frac{\beta}{\lambda_l}; t\right) \exp\left\{i2\pi\left[\left(\frac{\alpha}{\lambda_l}x + \frac{\beta}{\lambda_l}y\right)x\right]\right\} \mathrm{d}(\frac{\alpha}{\lambda_l})\mathrm{d}(\frac{\beta}{\lambda_l})$$

$$(2\text{-}12)$$

① 为便于区分，本书公式中 θ 为投影机投射的角度，ϕ 为全息功能屏的扩散角。

其中，$F_0(\dfrac{\alpha}{\lambda_l}, \dfrac{\beta}{\lambda_l}; t)$ 为角谱分布函数。在基于全息功能屏的光场显示方法中，相机阵列中任意第 n 行、第 m 列相机的水平和垂直拍摄视场角设置为 $[\alpha_{mn}, \beta_{mn}]$。相机阵列对原始物体光场进行采集后，采集所得到的光波函数可以表示为

$$\psi_S(x, y, z; \lambda_l; t) = \sum_m^M \sum_n^N F_{mn}(\frac{\alpha_{mn}}{\lambda_l}, \frac{\beta_{mn}}{\lambda_l}; t) \exp\left[i\frac{2\pi}{\lambda_l}\left(1 - \alpha_{mn}^2 - \beta_{mn}^2\right)^{1/2} z\right]$$
$$\exp\left[i2\pi(\frac{\alpha_{mn}}{\lambda_l} x + \frac{\beta_{mn}}{\lambda_l} y)\right] \tag{2-13}$$

其中，$\exp\left[i\dfrac{2\pi}{\lambda_l}\left(1 - \alpha_{mn}^2 - \beta_{mn}^2\right)^{1/2} z\right]$ 是不同角度的光波在空间中传播距离 z 的相位分量，$\dfrac{\alpha_{mn}}{\lambda_l}$ 和 $\dfrac{\beta_{mn}}{\lambda_l}$ 是离散的角谱分量，$F_{mn}(\dfrac{\alpha_{mn}}{\lambda_l}, \dfrac{\beta_{mn}}{\lambda_l}; t)$ 是立体角 $[\alpha_{mn}, \beta_{mn}]$ 内的角谱分布函数。根据相机阵列采集过程可得，采集得到的离散角谱分布函数和原始角谱分布函数的关系为

$$F_0(\frac{\alpha}{\lambda_l}, \frac{\beta}{\lambda_l}; t) = \sum_m^M \sum_n^N F_{mn}(\frac{\alpha_{mn}}{\lambda_l}, \frac{\beta_{mn}}{\lambda_l}; t) \tag{2-14}$$

光场再现阶段，假设全息功能屏是各向同性的，并且扩散角为 ϕ，显示系统的视角为 Ω，投影机阵列中第 m 行、第 n 列的投影机投射立体角为 θ_{mn}，投射光束经过全息功能屏后出射角为 ω_{mn}，那么有

$$\Omega = \sum_m^M \sum_n^N \omega_{mn} \tag{2-15}$$

$$\omega_{mn} = \theta_{mn} + \phi \tag{2-16}$$

由投影机阵列投射视差序列图所恢复的物光波函数为

$$\psi_S'(x, y, z; \lambda_l; t) = \sum_m^M \sum_n^N F_{mn}(\frac{\alpha_{mn}}{\lambda_l}, \frac{\beta_{mn}}{\lambda_l}; t) \exp\left[i\frac{2\pi}{\lambda_l}\left(1 - \alpha_{mn}^2 - \beta_{mn}^2\right)^{1/2} z\right]$$
$$\exp\left[i2\pi(\frac{\alpha_{mn}}{\lambda_l} x + \frac{\beta_{mn}}{\lambda_l} y)\right] \tag{2-17}$$

上述所再现的物光波是离散的，其经过全息功能屏的调制后，获得连续的物光波函数为

$$\psi_r(x,y,z;\lambda_l;t) = \psi_S^{'}(x,y,z;\lambda_l;t) \cdot T(x,y,0)$$

$$= \sum_m^M \sum_n^N F_{mn}\left(\frac{\alpha_{mn}}{\lambda_l}, \frac{\beta_{mn}}{\lambda_l}; t\right) \exp\left[i\frac{2\pi}{\lambda_l}\left(1-\alpha_{mn}^2-\beta_{mn}^2\right)^{1/2} z\right] \quad (2\text{-}18)$$

$$\iint_{\omega_{mn}} \exp\left[i2\pi(\frac{\alpha}{\lambda_l}x+\frac{\beta}{\lambda_l}y)\right] d\left(\frac{\alpha}{\lambda_l}\right) d\left(\frac{\beta}{\lambda_l}\right)$$

把式（2-15）和式（2-17）代入式（2-18）中，得到经过全息功能屏波前调制后的再现物光波函数为

$$\psi_r(x,y,z;\lambda_l;t) = \iint_{\Omega} \phi_0\left(\frac{\alpha}{\lambda_l}, \frac{\beta}{\lambda_l}; t\right) \exp\left[i\frac{2\pi}{\lambda_l}\left(1-\alpha_{mn}^2-\beta_{mn}^2\right)^{1/2} z\right]$$

$$\exp\left[i2\pi(\frac{\alpha}{\lambda_l}x+\frac{\beta}{\lambda_l}y)\right] d(\frac{\alpha}{\lambda_l}) d(\frac{\beta}{\lambda_l}) \quad (2\text{-}19)$$

上式与原始物光波函数比较可知，利用全息功能屏调制再现的光波具有原始光波的全部信息，实现了对原始物体光场的全部信息再现。

全息功能屏是用定向激光散斑法制作的，其制备原理如图 2-14 所示。使用激光照射尺寸为 $a \times b$ 的扩散板，扩散板上具有尺寸为 $\delta u \times \delta v$ 的扩散颗粒，这样会在扩散板后方形成激光散斑场，如图 2-14a 所示。激光散斑在 X-Y 平面上的平均尺寸为 $\delta x = \lambda z_0/a$，$\delta y = \lambda z_0/b$。在距离扩散板为 z_0 的位置处记录所得到的激光散斑场的散斑形状，并且设置记录区域的尺寸为 $\Delta x \times \Delta y$，其中 $\Delta x = \lambda z_0/\lambda u$，$\Delta y = \lambda z_0/\lambda v$。这样，所记录的散斑可以扩散光波，使出射立体角限制在水平出射角 $\phi_x = \lambda/\delta x = a/z_0$ 和垂直出射角 $\phi_y = \lambda/\delta y = b/z_0$ 内，如图 2-14b 所示。在使用定向激光散斑法制作全息功能屏的过程中，调整 a, b, z_0，可以获得特定的水平扩散角和垂直扩散角。

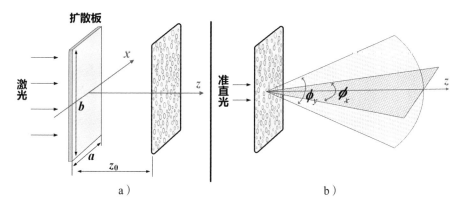

图2-14 定向激光散斑法原理（a）和散斑对光波的扩散（b）

第四节 光学成像系统理论基础

裸眼 3D 显示通常利用光学元件对光线进行调控，以达到还原真实场景的目的。其中，常用来调控 2D 显示器中像素信息的光学元件主要包括透镜（柱透镜、圆透镜等）、曲面反射镜、衍射光栅、狭缝光栅等。由不同控光元件构建的成像系统对光学设计的要求是不一样的，在裸眼 3D 光场显示系统的实际光学设计中，通常需要先构建理想光学系统的设计参数，然后基于这些理想设计参数和对系统显示性能的需求，进一步研究实际光学系统的优化设计。

本书涉及基于透镜的裸眼 3D 显示实现，因此在进行系统光学设计优化之前，有必要对透镜成像理论中的基本参数进行说明。本节提到的透镜单元指单个透镜，单透镜作为 3D 显示中常用的基本控光元件，主要由两个折射球面组成，中间介质为均匀透明，所以光发生传播方向的改变是在透镜两侧的曲面上。

图 2-15 所示为单透镜中某一曲面的折射特性原理，与光轴平行的细光束经过球面折射后必定经过右侧的像方焦点 F'，由单折射面的成像原理可以得到球面近轴光的折射关系式为

$$\frac{n'}{l'} - \frac{n}{l} = \frac{n'-n}{r}$$ （2-20）

其中，n 与 n' 分别为物方空间和像方空间的折射率，n 值越大，代表对光的折射能力越强；l 与 l' 分别表示物距与像距；r 为透镜的曲率半径。

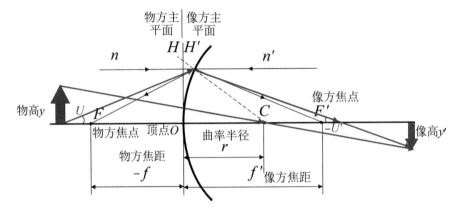

图2-15 透镜单球面的折射特性示意图

令式（2-20）中的物距 l 无穷大时，可以求得像方焦距 f'，同理也可求得物方焦距 f 的值，结果为

$$f' = \frac{n'r}{n'-n}, \quad f = -\frac{nr}{n'-n}$$ （2-21）

以上是计算透镜单面折射焦距的过程，透镜单元由两个球面组成，参考上述公式可以联合计算双凸透镜的组合焦距。

如图 2-16 所示，透镜厚度 d，两球面曲率分别为 r_1 和 r_2，透镜内部折射率为 n；透镜外侧为空气介质，则有 $n_1 = n_2' = 1$。图中前折射球面的物方焦距 f_1、像方焦距 f_1'，以及后折射球面的物方焦距 f_1、像方焦距 f_1' 可以由式（2-21）推导，其表达式为

$$\begin{cases} f_1 = -\dfrac{r_1}{n-1}, f_1' = \dfrac{nr_1}{n-1} \\ f_2 = \dfrac{nr_2}{n-1}, f_2' = -\dfrac{r_2}{n-1} \end{cases}$$ （2-22）

因此，透镜的光学间隔Δ可计算为

$$\Delta - d - f_1' + f_2 \qquad （2-23）$$

计算透镜组合焦距的表达式为

$$f = -f' = -\frac{f_1' f_2'}{\Delta} \qquad （2-24）$$

将式（2-24）进行化简，可得透镜的组合焦距

$$f = -f' = -\frac{n r_1' r_2}{(n-1)[n(r_2 - r_1) + (n-1)d]} \qquad （2-25）$$

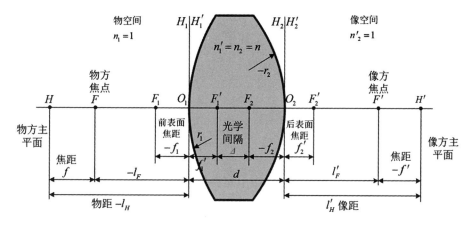

图2-16　透镜参数示意图

第五节　光学系统的像差优化理论基础

　　裸眼3D显示本质上是利用光学元件实现对光线的精确控制，因此研究裸眼3D显示技术的一个重要方向是利用光学系统成像理论来改善非理想光学系统的像差，以实现高质量的3D显示。本节首先阐述实际光学成像系统存在的像差以及它们的数学表达形式，然后介绍非球面光学系统，最后介绍评价光学系统成像质量的方法，作为像差抑制优化的收敛标准。

一、非理想光学系统的像差

实际应用的光学系统存在像差，不能呈现物点的完善像，在实际光学系统中处于物方的物点在像方以弥散斑的形式成像，因此实际光学系统是非理想的光学系统。在裸眼 3D 显示系统的设计中，所使用的非理想光学系统会因为像差的存在而使 3D 显示质量变差，因此对非理想光学系统的优化至关重要。笔者根据裸眼 3D 显示系统的显示指标，获得理想光学系统的结构参数，再根据对实际光学系统的像差分析，优化理想光学系统的结构参数，实现对像差的抑制。由此可见，对非理想光学系统像差的抑制研究是实现裸眼 3D 显示光学系统优化的基础。

非理想光学系统的像差可分为单色光像差和多色光色差，单色光像差包括球差、慧差、像散和畸变，而多色光色差包括轴向色差和垂轴色差[①]。

1. 球差

球差表示光学系统轴上物点成不完善像的误差程度，其级数展开式可以表示为

$$\delta L' = \alpha_1 U^2 + \alpha_2 U^4 + \alpha_3 U^6 + \cdots \qquad （2-26）$$

其中 U 表示孔径角，$\alpha_1 U^2$ 表示初级球差，$\alpha_2 U^4$ 表示二级球差，$\alpha_3 U^6$ 表示三级球差。从式（2-26）中的第二项开始被称为高级球差，$\alpha_1, \alpha_2, \alpha_3$ 是光学系统结构参数变量。当光学系统的孔径角增大时，系统的球差也随之增大。对于大信息量的裸眼 3D 显示系统，往往其所用透镜尺寸较大，因此物方孔径较大，系统具有较大的球差，所呈现的 3D 影像会受到球差的影响而导致显示质量较低。对于这个问题，本书第四章、第五章和第六章设计了非球面透镜来抑制球差。

---

① 张以谟. 应用光学［M］. 北京：电子工业出版社，2008.

2. 慧差

慧差表示光学系统轴外物点成不完善像的误差程度，表现为子午慧差和弧矢慧差，其级数展开式可以表示为

$$K'_s = A_1 y U^2 + A_2 y U^4 + B_1 y^3 U^2 \qquad (2-27)$$

式中，U 表示孔径角，y 表示物高，$A_1 y U^2$ 表示初级球差，$A_2 y U^4$ 和 $B_1 y^3 U^2$ 表示二级慧差。由慧差级数展开式可知，对于裸眼 3D 显示系统，越大的透镜尺寸，带来的慧差越严重。同时，裸眼 3D 显示系统的显示视角越大，系统的慧差也会越大。

3. 像散

像散是由于光束通过光学成像系统后，子午细光束与弧矢细光束无法汇聚于一点而出现的成像模糊现象，其级数展开式可用物高 y 表示为

$$x'_{ts} = C_1 y^2 + C_2 y^4 \qquad (2-28)$$

式中，C_1 和 C_2 为光学结构的参数变量。从上式可以看出，当裸眼 3D 显示系统的显示视角增大时，系统的像散会变得严重。

4. 畸变

畸变是光学系统对主光线的控光偏差，其级数展开式可用物高 y 表示为

$$\delta Y'_z = E_1 y^3 + E_2 y^5 \qquad (2-29)$$

其中，$E_1 y^3$ 为初级畸变，$E_2 y^5$ 为二级畸变。在实际光学系统中，畸变表现为桶形畸变和枕形畸变。对于基于透镜的裸眼 3D 显示系统，观看视角的增大将会导致畸变的增大。

5. 轴向色差和垂轴色差

光学系统产生色差的原因在于光学材料对于不同波长的单色光具有不同的折射率，色差包括轴向色差和垂轴色差。轴向色差的级数展开式为

$$\Delta L'_{FC} = b_0 + b_1 U^2 + b_2 U^4 + b_3 U^6 + \cdots \qquad (2-30)$$

式中，$\Delta L'_{FC}$ 为蓝光和红光之间的轴向色差，$b_1 U^2$ 为初级轴向色差，$b_2 U^4$ 和 $b_3 U^6$ 为二级轴向色差。垂轴色差的级数展开式为

$$\Delta Y'_{FC} = b_1 y + b_2 y^3 \qquad (2\text{-}31)$$

式中，$\Delta Y'_{FC}$ 为蓝光和红光之间的垂轴色差，$b_1 y$ 为初级垂轴色差，$b_2 y^3$ 为二级垂轴色差。

实际光学系统初始结构是基于初级像差方程组对理想光学系统进行优化后确定的，使初始结构在消除初级像差的同时确保高级像差较小。获得初始结构后，再进行深度优化获得像差抑制的最终系统结构[1]。由此可见，初级像差方程组的确定和分析是光学系统设计的基础。为了便于计算，实际光学系统通常将透镜视为薄透镜系统进行分析，薄透镜系统 PWC 形式的初级像差方程组如下[2]

$$\delta L' = -\frac{1}{2}\frac{1}{n'u'^2}\sum h_i p_i$$

$$K'_T = 3K'_S = -\frac{3}{2}\frac{1}{n'u'}\left(\sum h_{z_i} P_i + J\sum W_i\right)$$

$$x'_{is} = -\frac{1}{n'u'^2}\left[\sum \frac{h_{z_i}^2}{h_i}P_i + 2J\sum \frac{h_{z_i}}{h_i}W_i + J^2\sum \varphi_i\right]$$

$$x'_p = -\frac{1}{2}\frac{1}{n'u'^2}J^2\sum \mu\varphi_i \qquad (2\text{-}32)$$

$$\delta Y'_z = -\frac{1}{2}\frac{1}{n'u'^2}\left[\sum \frac{h_{z_i}^2}{h_i}P_2 + 3J\sum \frac{h_{z_i}^2}{h_i^2}W_i + J^2\sum \frac{h_{z_i}}{h_i}\varphi_i(3+\mu)\right]$$

$$\Delta L'_{FC} = -\frac{1}{n'u'^2}\sum h_i^2 C_i$$

$$\Delta Y'_{FC} = -\frac{1}{n'u'}\sum h_{z_i} h_i C_i$$

————————

[1] 高鑫. 裸眼 3D 显示系统优化设计及性能提升的研究［D］. 北京：北京邮电大学，2018.

[2] 张以谟. 应用光学［M］. 北京：电子工业出版社，2008.

其中

$$P_i = \left(\frac{\Delta u_i}{\Delta \left(\dfrac{1}{n_i} \right)} \right)^2 \Delta \frac{u_i}{n_i}$$

$$W_i = \frac{\Delta u_i}{\Delta \left(\dfrac{1}{n_i} \right)} \Delta \frac{u_i}{n_i}$$

$$C_i = \frac{\varphi_i}{v_i} \tag{2-33}$$

$$v_i = \frac{n_i - 1}{n_{F_i} - n_{C_i}}$$

在方程组中，n' 和 u' 分别表示像方折射率和孔径角，h 和 h_z 分别表示轴上点和轴外点在透镜表面的投射高度，J 为拉格朗日不变量，μ 为常数 0.7，φ_i 为单个透镜的光焦度，$\delta L', K'_T, x'_{is}, x'_p, \delta Y'_z, \Delta L'_{FC}, \Delta Y'_{FC}$ 分别表示初级球差、初级子午慧差、初级弧矢慧差、初级像散、匹兹万场曲、初级畸变、初级轴向色差和初级垂轴色差，v_i 是每个单薄透镜的阿贝常数，n_i 是 e 光（extraordinary ray，非常光）相对每个单薄透镜的折射率，n_{F_i} 和 n_{C_i} 分别为蓝光和红光相对于每个单薄透镜的折射率。

二、非球面光学系统

光学系统的像差是恶化裸眼 3D 显示质量的关键因素，在进行裸眼 3D 显示光学系统优化设计的过程中，通常利用复合透镜结构来实现对像差的有效抑制。然而，复合透镜的生产成本较高，并且会使光学系统变得厚重。为了在降低透镜生产成本的同时，保证光学系统结构的紧凑性、简洁性，实际光学系统通常利用非球面透镜来代替标准透镜进行像差抑制优化设计。非球面结构为旋转对称型非球面面形，设光轴方向为空间坐标系的 Z 轴，旋转对称型非球面面形的奇次非球面和偶次非球面的表达式分别为

$$z_{\text{odd}} = \frac{cr^2}{1+\sqrt{1-(1+k)c^2r^2}} + \beta_1 r^1 + \beta_2 r^2 + \beta_3 r^3 + \cdots + \beta_8 r^8 \qquad (2\text{-}34)$$

$$z_{\text{even}} = \frac{cr^2}{1+\sqrt{1-(1+k)c^2r^2}} + \alpha_2 r^2 + \alpha_4 r^4 + \alpha_6 r^6 + \cdots \qquad (2\text{-}35)$$

其中，k 为二次圆锥系数，c 为非球面定点的曲率，r 为径向参量。β_1—β_8 是奇次非球面面形的高阶项，$\alpha_2, \alpha_4, \alpha_6$ 是偶次非球面面形的高阶项。基于奇次非球面和偶次非球面的表达式，可得到扩展奇次非球面和扩展偶次非球面的数学表达式。相比奇次非球面表达式的 8 次高阶表达，扩展奇次非球面表达式可以表达出 240 次高阶项，因此具有更高的表示精度。扩展偶次非球面表达式可以表达出 480 次高阶项，提升了具有 16 次高阶表达的偶次非球面表达式的精度。

三、光学成像质量的评价

在实际光学系统优化设计过程中，像差无法完全被消除，本书引入像质评价方法来量化不完善成像的误差，进而作为对系统结构参数优化计算的收敛标准。对于具有大像差的裸眼 3D 显示光学系统，通常使用点列图和调制传递函数两种方法来对其成像质量进行评价，以获得满足实际应用的像差抑制标准的光学系统结构参数。

1. 点列图

实际光学系统是非理想光学系统，物点成像不完善，从物点发出的光线经过非理想光学系统无法汇聚于一点，进而在理想像面位置处呈现出弥散斑。在光学设计中，对不同视场角和不同波长的光束进行光线追迹可以获得光线在成像平面位置处的弥散斑点列图样，被称为点列图。对于大像差光学系统，点列图中点的密集程度可以用来评价成像质量。通常利用点列的均方根半径来表征点的密集程度，均方根半径越大，点列越稀疏，成像质量越差。

2. 调制传递函数

调制传递函数（Modulation Transfer Function，MTF）是输出像与输入物的对比度之比，表征光学系统成像的调制度随空间频率变化的规律，其值的范围为 0 到 1。MTF 值越大，表示光学系统的成像质量越高。图 2-17 为正弦光栅亮度分布示意图。实线表示初始正弦光栅亮度分布 $I(x)$，I_a 为正弦光栅亮度的幅度，I_0 为正弦光栅亮度的直流分量。初始正弦光栅明暗对比度可表示为

$$M = \frac{I_a}{I_0} \qquad (2\text{-}36)$$

以正弦光栅为物通过光学系统成像后，其像的亮度分布变为 $I'(x)$，振幅变为 $I'_a(v)$，用图 2-17 中虚线表示，此时正弦光栅线条的明暗对比度可表示为

$$M'(v) = \frac{I'_a(v)}{I_0} \qquad (2\text{-}37)$$

其中，v 表示正弦光栅的空间频率。由 MTF 定义可得，其数学表达式为

$$T(v) = \frac{M'(v)}{M} \qquad (2\text{-}38)$$

MTF 是正弦光栅空间频率的函数，并且其值大于 0，小于 1。

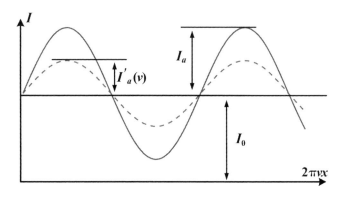

图2-17　正弦光栅亮度分布示意图

四、图像质量评价方法

由光场显示的再现过程可知，加载在平面显示屏上的基元图像阵列是通过压缩算法进行视点信息合成的。在这个过程中，减去了部分视点图像的冗余信息。因此在三维显示中，经过压缩算法使人眼看到的某一视点信息的图像质量，直接反映了该编码算法和显示设备整体的性能。目前主要是在模拟人眼视觉感知的量化模型中应用图像质量评价的方法，常见的两种图像质量评价方法为峰值信噪比（Peak Signal-to-Noise Ratio，PSNR）和结构相似性（Structural SIMilarity，SSIM）[1][2]。

1. PSNR

PSNR 表示信号的最大功率与其对应失真噪声功率之间的比，一般以对数分贝（dB）为单位。在 3D 显示中，PSNR 一般通过两幅分辨率为 $m \times n$ 图像的均方误差（Mean-Square Error，MSE）进行定义和计算，MSE 定义为

$$\text{MSE} = \frac{1}{mn} \sum_{i=0}^{m-1} \sum_{j=0}^{n-1} \left[I(i,j) - K(i,j) \right]^2 \qquad （2\text{-}39）$$

则 PSNR 的定义为

$$\text{PSNR} = 10\lg\left(\frac{I_{\max}^2}{\text{MSE}} \right) \qquad （2\text{-}40）$$

其中，$I_{\max}$ 为图像中像素点群的最大灰度值。

PSNR 值越大，代表图像质量受到的噪声影响越小，图像还原程度越好。

---

[1] 佟雨兵，张其善，祁云平. 基于 PSNR 与 SSIM 联合的图像质量评价模型 [J]. 中国图象图形学报，2006（12）：1758-1763.

[2] 蒋刚毅，黄大江，王旭，等. 图像质量评价方法研究进展 [J]. 电子与信息学报，2010，32（1）：219-226.

在 PSNR 值大于 35dB 时，人眼很难辨别压缩图像与原图之间的区别[①]。PSNR是目前运用最广泛的一种图像评价方式，但是，其主要基于像素点间灰度值（颜色、亮度）的差异，并未考虑到图像内容（对比度、图形结构）对人眼的影响，因此，常用 PSNR 评价场景简单且环境光变化不明显的图像质量。

2. SSIM

基于 SSIM 模型进行的图像质量评价是一种全参考系的信息对比评价方法，分别从亮度、对比度、结构 3 个方面进行图像失真率与相似性的计算。SSIM 的计算公式为

$$\text{SSIM}(A,B) = \frac{(2u_A u_B + c_1)(2\sigma_{AB} + c_2)}{(u_A^2 + u_B^2 + c_1)(\sigma_A^2 + \sigma_B^2 + c_2)} \tag{2-41}$$

u_A 和 u_B 分别为两幅分辨率为 $m \times n$ 图像的亮度平均值；σ_A 和 σ_B 分别为两幅图像对比度归一化后的方差，σ_{AB} 是两幅图像的协方差；c_1 和 c_2 是常数，通常取 $c_1 = (k_1 \times L)^2$，$k_1 = 0.01$，$L = 255$；$c_2 = (k_2 \times L)^2$，$k_2 = 0.03$，$L = 255$。

根据式（2-41）可知，SSIM 的取值范围为 [0,1]，其值越大，两幅图像越相似，代表显示系统所展示的图像效果越接近原始场景。因 SSIM 的计算原理更接近人眼对真实场景的感知特性，SSIM 对复杂场景图像相似度的评价上是优于 PSNR 评价方法的，所以 SSIM 被认为是目前衡量 3D 显示图像质量应用最有效的评价方法。

第六节　本章小结

本章首先论述了人眼视觉系统获得立体视觉的因素，包括心理因素和生理因素两个方面。只有同时依靠心理因素和完整的生理因素才能获得自

① LIN W S, KUO C C J. Perceptual visual quality metrics: A survey [J]. Journal of visual communication and image representation, 2011, 22（4）: 297-312.

然、逼真的 3D 立体视觉。然后阐述了 3 种重要的裸眼 3D 显示方法的原理，包括视点立体显示原理、集成成像原理和基于全息功能屏的光场显示原理。此外，本章阐述了描述光场光线分布的光场模型。本章基于所用控光元件的控光原理归纳视点立体显示为基于狭缝光栅的裸眼 3D 显示和基于柱透镜光栅的裸眼 3D 显示，并阐述了两种视点立体显示方法的原理。本章重点阐述了集成成像原理，说明了集成成像有 4 种显示模式，包括实像模式、虚像模式、聚焦模式和点光源阵列模式。此外，本章针对基于全息功能屏的光场显示方法所用到的全息功能屏做了说明，并基于角谱理论对该显示方法的原理进行了分析。同时，也引述了作为裸眼 3D 显示系统常用控光元件的透镜的成像理论，更进一步对裸眼 3D 显示机理进行讨论。最后，本章阐述了光学系统的像差优化理论基础。

第三章 基于像素水平化调制的高角分辨率光场显示方法

　　由于角分辨率不足会出现运动视差不连续的问题，导致传统裸眼 3D 显示技术再现的 3D 影像断裂感严重，观看体验差[①]。针对此问题，国内外许多学者进行了平滑运动视差的研究[②③④⑤⑥⑦]。

① HONG J S, KIM Y M, CHOI H J, et al. Three-dimensional display technologies of recent interest: principles, status, and issues [Invited] [J]. Applied optics, 2011, 50 (34): 87-115.

② RUNDE D. How to realize a natural image reproduction using stereoscopic displays with motion parallax [J]. IEEE transactions on circuits and systems for video technology, 2000, 10 (3): 376-386.

③ KAJIKI Y, YOSHIKAWA H, HONDA T. Autostereoscopic 3-d video display using multiple light beams with scanning [J]. IEEE transactions on circuits and systems for video technology, 2000, 10 (2): 254-260.

④ TAKAKI Y, NAGO N. Multi-projection of lenticular displays to construct a 256-view super multi-view display [J]. Optics express, 2010, 18 (9): 8824-8835.

⑤ YU X B, SANG X Z, XING S J, et al. Natural three-dimensional display with smooth motion parallax using active partially pixelated masks [J]. Optics communications, 2014, 313: 146-151.

⑥ YU X B, SANG X Z, CHEN D, et al. Autostereoscopic three-dimensional display with high dense views and the narrow structure pitch [J]. Chinese optics letters, 2014, 12 (6): 60008-60011.

⑦ SANG X Z, YU X B, ZHAO T Q, et al. Three-dimensional display with smooth motion parallax [J]. Chinese journal of lasers, 2014, 41 (2): 100-104.

本章针对传统裸眼 3D 显示技术角分辨率不足的问题，基于集成成像光场构建方法提出高角分辨率水平光场构建方法，设计微针孔单元阵列和非连续柱透镜阵列来对平面像素进行水平化调制，实现高角分辨率的水平光场显示，为观众呈现具有平滑、连续运动视差的高质量 3D 影像。在实验部分，搭建基于像素水平化调制的高角分辨率光场显示原型系统，用以验证该方法的优越性和可行性。

第一节 高角分辨率水平光场构建方法

集成成像是光场显示技术的一种，它可以渲染出完整的空间深度线索，并呈现具有连续运动视差的 3D 影像。集成成像可在水平和垂直方向上构建出不同的视点，实现具有水平视差和垂直视差的全视差光场显示[①②③]。这些视点由相机阵列采集并由基元图像阵列配合透镜阵列再现，假设集成成像视点数目为 $M \times N$，其中 M 和 N 分别为水平方向的视点数目和垂直方向的视点数目，则其全视差光场视点分布示意图如图 3-1a 所示。集成成像构建的全视差光场的光波表达式如下

$$\psi_R^{\text{InI}}(x, y, z; \lambda; t) = \sum_m^M \sum_n^N \frac{F_m(\frac{\alpha_{mn}}{\lambda}, \frac{\beta_{mn}}{\lambda}; t) \exp[i\frac{2\pi}{\lambda}(1 - \alpha_{mn}^2 - \beta_{mn}^2)^{1/2}z]}{\exp[i2\pi(\frac{\alpha_{mn}}{\lambda}x + \frac{\beta_{mn}}{\lambda}y)]}$$

$$（3-1）$$

① ARIMOTO H, JAVIDI B. Integral three-dimensional imaging with digital reconstruction [J]. Optics letters, 2001, 26（3）: 157-159.
② PARK J H, HONG K H, LEE B H. Recent progress in three-dimensional information processing based on integral imaging [J]. Applied optics, 2009, 48（34）: 77-94.
③ XIAO X, JAVIDI B, MARTINEZ-CORRAL M, et al. Advances in three-dimensional integral imaging: sensing, display, and applications [Invited][J]. Applied optics, 2013, 52（4）: 546-560.

其中，$[\alpha_{mn}, \beta_{mn}]$为用于采集光场信息的相机阵列中第 n 行、第 m 列相机的水平视场角和垂直视场角，$F_m(\dfrac{\alpha_{mn}}{\lambda}, \dfrac{\beta_{mn}}{\lambda}; t)$为在视场角$[\alpha_{mn}, \beta_{mn}]$内的光场角谱分布函数，$\exp[i\dfrac{2\pi}{\lambda}(1 - \alpha_{mn}^2 - \beta_{mn}^2)^{1/2} z]$为再现水平光场光波由于不同的视角和传播距离而产生的附加相位。假设全视差光场视角为θ，由角分辨率的定义可得集成成像水平方向角分辨率R_H^{ang}和垂直方向角分辨率R_V^{ang}为

$$R_H^{\mathrm{ang}} = M/\theta \tag{3-2}$$

$$R_V^{\mathrm{ang}} = N/\theta \tag{3-3}$$

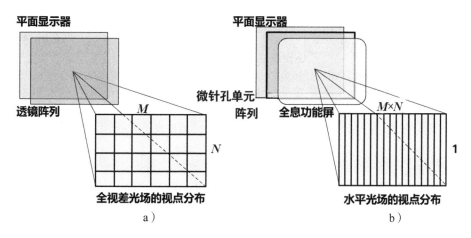

图3-1 传统集成成像全视差光场的视点分布示意图（a）和像素水平化
调制构建的水平光场的视点分布示意图（b）

受硬件资源的限制，用于构建视点的平面像素有限，这将导致再现的视点角分辨率受限。基于集成成像视点构建方法，本章提出高角分辨率水平光场构建方法，在平面分辨率资源有限的前提下，通过设计控光元件，把显示源中基元图像阵列的全部像素所发出的光线以特定的水平方向角进行调制，在水平方向上形成密集的视点分布，实现仅具有水平视差的高角分辨率光场显示。基于像素水平化调制构建的水平光场与传统集成成像的全视差光场相比，可以把有限的平面分辨率资源全部转化为水平方向的视

点，因此在相同的视角内可以使角分辨率得到明显的提升。在基元图像分辨率一致的情况下，基于像素水平化调制构建的水平光场具有的水平视点数目为 $M \times N$，如图 3-1b 所示。如果视角是 θ，则水平光场的角分辨率 R_H^{ang} 可表示为

$$R_H^{\text{ang}} = (M \times N)/\theta \qquad (3\text{-}4)$$

比较式（3-3）和式（3-1）、式（3-2）可得，基于像素水平化调制构建的水平光场的角分辨率较传统集成成像的全视差光场具有明显的提升。像素水平化调制所构建的水平光场光波的数学表达式如下

$$\psi_R(x,y,z;\lambda;t) = \sum_k^{M \times N} \frac{F_k(\frac{\alpha_k}{\lambda};t)\exp[i\frac{2\pi}{\lambda}(1-\alpha_k^2-\beta^2)^{1/2}z]}{\exp[i2\pi(\frac{\alpha_k}{\lambda}x+\frac{\beta}{\lambda}y)]} \qquad (3\text{-}5)$$

其中，$[\alpha_k,\beta]$ 是用于采集光场信息的相机阵列中第 k 列相机的水平视场角和垂直视场角，$F_m(\frac{\alpha_k}{\lambda};t)$ 为在视场角 $[\alpha_k,\beta]$ 内的光场角谱分布函数，$\exp[i\frac{2\pi}{\lambda}(1-\alpha_k^2-\beta^2)^{1/2}z]$ 为再现水平光场光波由于不同的视角和传播距离而产生的附加相位。需要说明的是，相机阵列是以水平方向分布排列而成，目的是采集场景的不同侧面信息。因此，β 是常数，并由 $2\arctan[S_h/(2S_d)]$ 决定，其中 S_h 是目标显示场景的高度范围，S_d 是相机阵列和 3D 场景的距离。

当使用相同平面显示器时，也就是在具有等量平面分辨率资源的情况下，与传统集成成像所构建的全视差光场相比，本节提出的水平光场构建方法所构建的水平光场的角分辨率是传统集成成像全视差光场角分辨率的数倍，可以呈现更高质量的 3D 影像。

第二节　像素水平化调制方法

为实现像素水平化调制，构建高角分辨率的水平光场，本章设计了微针孔单元阵列和非连续柱透镜阵列对光线进行水平方向角调制。对比折射式控光元件如柱透镜光栅、透镜阵列等，微针孔单元阵列基于小孔成像原理，可以使特定水平方向角的光线出射，而使其他角度范围的光线被遮挡，因此具有无像差的控光优势。然而，微针孔单元阵列的光能利用率低，导致 3D 影像亮度不足。

本章设计的非连续柱透镜阵列可以改善使用微针孔单元阵列实现像素水平化调制出现的光能利用率低的问题。非连续柱透镜阵列具有与微针孔单元阵列相同的像素水平化调制能力，并且可以明显提升光能利用率，提高 3D 影像的亮度。此外，因为非连续柱透镜阵列是依靠小口径柱透镜配合不透光材料对光线的出射方向进行水平方向角调制的，因此可以认为柱透镜是准小孔结构，所产生的像差对显示质量影响较小，可保证高质量的 3D 显示效果。

通过上述提升角分辨率的方法，再现的 3D 影像可以使人眼视觉系统获得平滑的运动视差，以此实现立体视觉激励。像素水平化调制方法的优势在于可以利用有限的平面分辨率资源，在水平方向上实现高角分辨率的 3D 显示效果。

一、微针孔单元阵列设计

为实现高角分辨率水平光场的构建，笔者设计了微针孔单元阵列进行像素水平化调制。微针孔单元阵列的结构示意图如图 3-2 所示。微针孔单元阵列是由微针孔单元周期排列组成，每 N 个微针孔以特定的排列规则组成微针孔单元。微针孔单元中微针孔的数量与基元图像的像素行数相同，在微针孔单元中相邻微针孔之间在水平方向的距离为 b。每个微针孔为椭圆形，其长轴平行于垂直方向，设长轴长度为 H_p，短轴长度为 W_p。椭圆形的微针孔在水平方向上具有较小的开孔尺寸，而在垂直方向上具有相对来说较大的开孔尺寸，这种结构可以保证对光线水平出射的角度控制更加精确，确保视点串扰小的同时，在垂直方向上可以让更多的光线通过，提升微针孔单元阵列的通光效率。微针孔单元中微针孔中心的连线与垂直方向的夹角决定了基元图像的编码方式，可以平衡再现视点的垂直分辨率与水平分辨率，并可以消除摩尔纹。

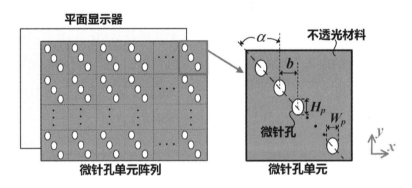

图3-2　微针孔单元阵列的结构示意图

为了获得 3D 影像，若干基元图像重复排列组成的基元图像阵列被加载到平面显示器上。基元图像的分辨率为 $M \times N$，如图 3-3a 所示，$V_{ij}(i=1,2,\cdots,N; j=1,2,\cdots,M)$ 表示基元图像中第 V_{ij} 个像素。

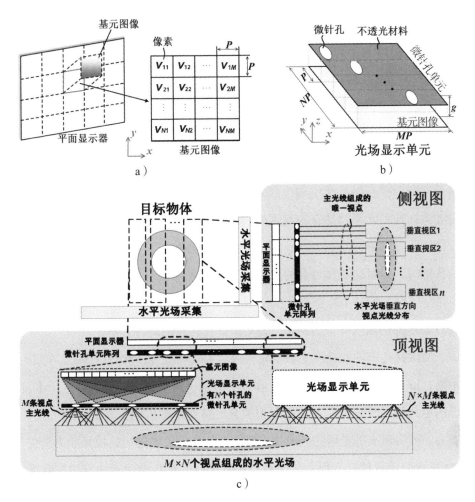

图3-3　基于微针孔单元阵列构建水平光场原理示意图，（a）为基元图像，（b）为光场显示单元，（c）为以$M×N$个水平视点、1个垂直视点构建水平光场

　　微针孔单元所对应的基元图像的水平宽度影响水平光场显示系统的视场角θ，可表示为

$$\theta = 2\arctan(MP/2g) \qquad （3\text{-}6）$$

其中，P为显示器像素的宽度，MP为微针孔单元的节距，g为微针孔单元阵列和平面显示器的距离。基元图像和微针孔单元组成的光场显示单元用于把平面分辨率转化为3D空间信息。图3-3b是光场显示单元的示意图，

被调制的光线从光场显示单元中以特定水平方向角出射进入空间中，这些光线是构建水平光场的组成部分，由全部光场单元发出的光线在空间中汇聚形成具有高角分辨率的水平光场，实现连续平滑的运动视差。基于微针孔单元阵列实现像素水平化调制来构建水平光场的原理如图 3-4c 所示。

设计微针孔单元阵列中微针孔的孔型时需要考虑对视点串扰的抑制。水平方向上视点串扰产生的原因是携带相邻视点信息的像素发出的散射光经过微针孔单元阵列后在观看区域内产生了交叠现象，但是交叠区域会随着微针孔短轴的减小而变小，相应的串扰也会减弱。因此，在设计微针孔的孔型时，尽量减小微针孔短轴的长度。笔者搭建基于像素水平化调制的高角分辨率光场显示原型系统拟使用 LED 显示器作为平面显示器，下面以 LED 显示器的像素分布为例来讨论对微针孔孔型的设计。

当微针孔短轴的长度足够小时，对比 LED 显示器和微针孔单元阵列的距离、LED 显示器的像素尺寸，在水平方向上可以把微针孔当作一个准理想的小孔。此时微针孔对比折射型控光元件在水平方向上具有优越的控光能力，可实现水平光场的低串扰构建。微针孔的短轴越短，控光能力越强，3D 显示的质量越好。但是，微针孔短轴长度的减小会使光能利用率降低，所以在设计短轴长度时需要权衡光能利用率与光线控制精度。垂直方向上视点串扰产生的原因是像素发出的杂散光通过与该像素相邻行的微针孔出射，使出射光线具有错误的水平方向角，而产生对空间中正确视点分布的干扰。对垂直方向视点串扰的抑制，也可以通过减小微针孔的长轴长度来实现，但是因为要确保 3D 影像具有良好的饱和度并抑制色彩失真，所以应该保证微针孔长轴的长度大于 LED 显示器像素中 R、G、B 三色灯珠组成的发光单元的高度。54 英寸、720p 分辨率的 LED 显示器像素中发光单元的结构示意图如图 3-4a 所示。如图 3-4b 所示，若 θ_p 表示视区内无临近行像素杂散光串扰的垂直方向角范围，在微针孔的长轴高度远小于微针孔单

元阵列和 LED 显示器距离的情况下，θ_p 可以表示为

$$\theta_p = 2\arctan(\frac{P}{g}) \qquad (3\text{-}7)$$

由此，也可以获得最佳观看距离 D 处无杂散光串扰的垂直范围高度为

$$H_c = 2D\tan(\frac{\theta_p}{2}) + P \qquad (3\text{-}8)$$

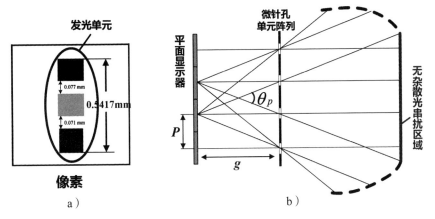

图3-4　55英寸、720p分辨率的LED显示器像素中R、G、B三色灯珠组成的发光单元（a）和视区内无垂直方向视点串扰的范围示意图（b）

二、非连续柱透镜阵列设计

对于基于微针孔单元阵列和 LED 显示器实现高角分辨率水平光场显示的方法，因为要保证水平视点间的低串扰，设计微针孔的短轴近似于所使用 LED 显示器一个灯珠的宽度，而对于微针孔的长轴尺寸，开孔的尺寸也不能超过一个 LED 发光单元的高度，以实现水平方向的强控光能力。因此，使用微针孔单元阵列构建水平光场存在光能利用率低的问题，会导致3D 影像亮度低。此外，由于微针孔的长轴长度有限，因此在垂直方向上排布的 R、G、B 三色灯珠会出现被微针孔部分遮挡的情况，使用微针孔单元阵列会使 3D 影像出现色彩失真。

为解决这两个微针孔单元阵列固有的问题，笔者设计了非连续柱透镜阵列实现像素水平化调制来构建高角分辨率水平光场。基于非连续柱透镜阵列和LED显示器实现像素水平化调制的光场显示系统如图3-5所示。该系统与基于微针孔单元阵列的水平光场显示系统类似，使用LED显示器作为平面显示器加载基元图像阵列来提供带有3D信息的平面像素。平面像素发出的光线通过非连续柱透镜阵列的调制，具有特定的水平方向角来构建遮挡关系正确的水平光场。在该系统中，包含全息功能屏用以消除透镜不连续造成的视野盲点。

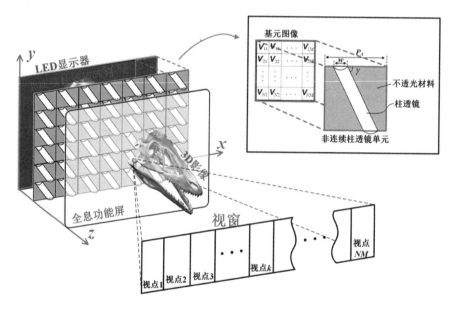

图3-5 基于非连续柱透镜阵列的水平光场显示系统

如图3-5所示，非连续柱透镜阵列由一系列非连续柱透镜单元组成，而非连续柱透镜单元由不透光的树脂材料和倾斜的柱透镜组成。基元图像包含了 N 行、M 列像素，总共 $N×M$ 个像素。如图3-6所示，处于基元图像中每行像素范围的柱透镜部分相对于这行像素为一个独立的柱透镜，这些像素与柱透镜边缘有不同的距离，并且基元图像中不同行的像素与其相对应柱透镜部分的边缘具有不同的距离，如 $\Delta M_n(n=1,2,\cdots,N)$。因此，基元图像中像素发出的光线可以被倾斜的柱透镜调制到不同的水平方向上，在水平方向上形成具有不同水平方向角的 $M \times N$ 束视点光线。非连续柱透镜阵列中的每个单元都可以配合相应的基元图像形成视点光线，这样可以在空间中形成具有水平视差的 $N \times M$ 个视点，实现水平光场的构建。

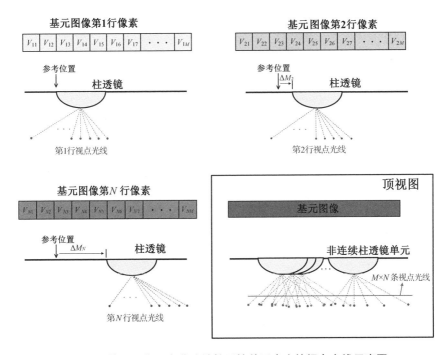

图3-6　基元图像配合非连续柱透镜单元产生的视点光线示意图

基于非连续柱透镜阵列的水平光场采集和重建原理示意图如图 3-7 所示。在光场采集阶段，相机阵列中以水平方向排列的相机簇采集 3D 景物水平方向不同的侧面角度信息，与在垂直方向上相机簇拍摄到的垂直角度一致。在光场重建阶段，基元图像中的每个像素发出的光线经过柱透镜后以不同水平方向角出射，与其他基元图像出射的光线汇聚形成超多视点，实现具有高角分辨率的水平光场。在垂直方向上，对于基元图像中每个像素，柱透镜不具有调制散射光线的能力，这样像素发出的散射光线以原垂直方向角从柱透镜出射，像素发出的光线不具有单一特定的垂直方向角。也就是说，在垂直方向上只能看到唯一的视点信息。基于非连续柱透镜阵列的水平光场构建原理如图 3-7 所示。

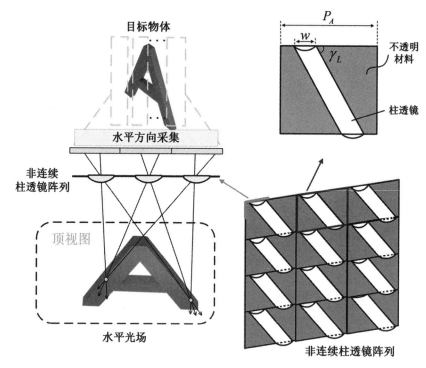

图3-7　基于非连续柱透镜阵列的水平光场构建原理

非连续柱透镜阵列的参数由非连续柱透镜单元决定，包括柱透镜倾斜角 γ_L 和非连续柱透镜单元的透光比 w/P_A，其中 w 为柱透镜的口径、P_A 为非连续柱透镜单元阵列的节距。因为柱透镜在垂直方向上是贯穿像素的连续结构，因此不会对 LED 显示器像素的 R、G、B 三色灯珠的光线产生不均匀的遮挡，从而消除使用微针孔单元阵列构建水平光场出现的色彩失真问题。

在具有相同节距的情况下，非连续柱透镜单元阵列中柱透镜的口径会大于微针孔单元阵列中小孔的宽度，因此非连续柱透镜阵列的光能利用率高于微针孔单元阵列。然而，设计非连续柱透镜阵列需要考虑光能利用率与水平方向控光精确度的权衡。柱透镜的口径越小，水平方向控光能力越强，考虑到 LED 显示器与非连续柱透镜阵列之间的距离相比柱透镜口径来说比较大，可以近似为一个小孔，但是光能利用率也随之降低。反之，当柱透镜孔径变大时，虽然光能利用率提升，但是利用折射控光的柱透镜的像差也会增大，控光精确度下降，这样会使 3D 显示质量下降。对于垂直方向的串扰，非连续柱透镜阵列也会像微针孔阵列单元一样有邻行平面像素杂散光串扰的问题。

第三节　水平光场编码算法

使用微针孔单元阵列和非连续柱透镜阵列实现像素水平化调制，虽然它们的控光原理不同，但有明确的控光规则来确定出射光线的水平方向角。本节提出的水平光场编码算法是基于光线可逆原理建立的一种映射关系，映射了相机阵列所拍摄的视差序列图与基元图像阵列像素之间的一一对应关系。该水平光场编码算法可以有效解决传统集成成像的深度反转问题，保证再现 3D 影像正确的遮挡关系。实际上，水平光场编码算法对于使用任意控光元件的水平光场显示方法具有普适性。本节以讨论基于微针孔单元阵列的水平光场显示方法为例来阐明水平光场编码算法的原理。

为了获得 3D 影像的正确遮挡关系，常用水平光场编码算法来渲染基元图像阵列，使基元图像中的像素与相机阵列采集到的视差序列图的像素之间有正确的映射关系。在该算法中，视差序列图的数量与基元图像的分辨率相同，并且视差序列图的分辨率与基元图像阵列的分辨率保持一致，目的是使采集到的 3D 光场信息更加精确。

在利用相机阵列采集光场的过程中，相机的视场角设置为 fov=2arctan[$(K-1)MP/(2L)$]，相机之间的距离为 $d_c=PD/(2Ng)$，其中 L 为相机阵列与微针孔单元阵列之间的距离，K 为微针孔单元在阵列中的横向数量。下面以低分辨率的基元图像渲染为例来说明水平光场编码算法的像素映射关系。如图 3-8 所示，假设 $P(i, j)$ 表示基元图像中第 i 行、第 j 列的像素，$O_l(v, w)$ 表示相机阵列中第 l 个相机所拍摄视差图中的第 v 行、第 w 列的像素，根据几何光学和光线的反向追迹原理[1][2][3]，可得水平光场编码算法的数学表达式为

$$P(i, j) = O_l(v, w) \tag{3-9}$$

其中

$$[v \quad w] = [\left| i - \text{floor}(\frac{i}{N}) \cdot M \right| \quad j] \tag{3-10}$$

并且有

$$l = M - \text{floor}[\frac{d - \text{floor}(d/M) \cdot M}{N}] \tag{3-11}$$

其中

$$d = j + i \cdot \tan\alpha \tag{3-12}$$

① AKELEY K, KIRK D, SEILER L, et al. When will ray-tracing replace rasterization? [C] // Association for Computing Machinery. ACM SIGGRAPH 2002 conference abstracts and applications，2002.

② LI Z H, WANG T, DENG Y D. Fully parallel kd-tree construction for real-time ray tracing [C] // Association for Computing Machinery. Proceedings of the 18th meeting of the ACM SIGGRAPH Symposium on Interactive 3D Graphics and Games，2014.

③ XING S J, SANG X Z, YU X B, et al. High-efficient computer-generated integral imaging based on the backward ray-tracing technique and optical reconstruction [J]. Optics express，2017, 25（1）：330-338.

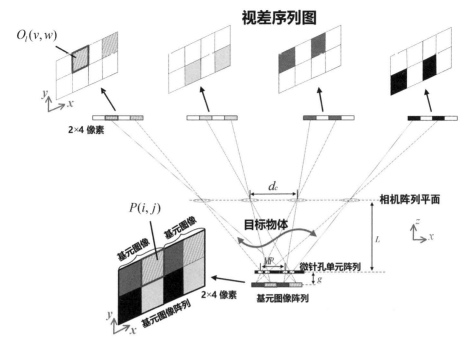

图3-8　水平光场编码算法的像素映射关系示意图

第四节　像素水平化调制的光场显示系统设计

基于像素水平化调制的高角分辨率光场显示方法是实现大尺寸 3D 显示的理想方法，这种方法可以利用有限的平面分辨率资源来实现高角分辨率的 3D 显示效果。利用微针孔单元阵列和非连续柱透镜阵列、54 英寸 LED 显示器和全息功能屏来搭建基于像素水平化调制的光场显示系统。LED 相比 LCD 显示器来说，具有可装配尺寸大、亮度高的优点，但是其分辨率低。所使用平面显示器的分辨率越高，实现的 3D 显示效果越自然，显示质量越好。因此，LED 显示器用于裸眼 3D 显示具有分辨率低的明显劣势。对于本章所提出的基于像素水平化调制的高角分辨率光场显示方法，要确定所用平面显示器分辨率的最小需求阈值，来确保最低额定效果的 3D

显示质量。假设所使用的平面显示器的分辨率为 $R_h \times R_v$、平面显示器的宽度为 W，则像素的宽度 P 可以表示为 W/R_h。因为所提出的光场显示方法的视角为 $\theta = 2\arctan(\dfrac{MP}{2g})$，所以在观看位置 Z 处，视点的宽度 W_v 可以被计算得到为 $Z\arctan(\dfrac{\theta}{MN})$。基于双目视差理论和人类视觉系统特性，要保证至少两个不同的视点分别被观察者的左眼、右眼观察到，因此有以下数学关系

$$W_v < T \qquad\qquad (3\text{-}13)$$

式中，T 为观察者的瞳距。因为 P 远小于 Z，并且 $M \times N$ 比较大，所以有

$$R_h > \frac{WM}{2g\tan(MNT/4)} \qquad\qquad (3\text{-}14)$$

因此可得到所需求的平面显示器分辨率的最小阈值 $\dfrac{WM}{2g\tan(MNT/4)}$。

微针孔单元阵列是利用激光打印胶片制作而成的，并且非连续柱透镜阵列也可以通过高精度的生产制备获得大尺寸幅面，因此不论是微针孔单元阵列还是非连续柱透镜阵列，都可以用于大尺寸水平光场显示。因为微针孔单元阵列与非连续柱透镜阵列的光能利用率低，也需要高亮度的平面显示设备，因此利用大尺寸的 LED 显示器来实现大幅面、高角分辨率的水平光场显示系统具有可行性，并且相比传统的大幅面 3D 显示系统具有高角分辨率的优点。

全息功能屏可以对再现光场的波前进行再调制，消除由于微针孔单元阵列或者非连续柱透镜阵列形成的视觉盲点。全息功能屏是使用全息方法制作的[①]。将全息功能屏放置于微针孔单元阵列或非连续柱透镜阵列之前，因为被调制的光线是以特定的水平方向角照射到全息功能屏上，故所使用

---

① YU C X, YUAN J H, FAN F C, et al. The modulation function and realizing method of holographic functional screen [J]. Optics express, 2010, 18（26）: 27820-27826.

的全息功能屏的扩散参数是各向异性的。使用全息功能屏消除微针孔单元阵列和非连续柱透镜阵列所产生视觉盲点的原理相同，下面以消除微针孔单元阵列产生的视觉盲点为例来说明。

假设全息功能屏水平方向和垂直方向的扩散角分别为ϕ_x和ϕ_y，如图 3-9a所示。对于水平光场来说，全息功能屏的扩散角应该在垂直方向上尽可能大，以使垂直方向上的可观看视角的范围足够大。图 3-9b 为具有特定水平扩散角的全息功能屏来消除微针孔单元阵列产生的视觉盲点的原理示意图，根据几何关系可得，全息功能屏的水平扩散角ϕ_x可表示为

$$\phi_x = \arctan(\frac{M \times P - W_p}{2L}) \qquad （3-15）$$

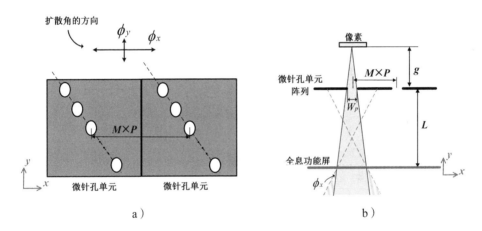

图3-9　全息功能屏的扩散角（a）和全息功能屏消除盲点原理示意图（b）

第五节　实验结果与分析

本节通过基于像素水平化调制的高角分辨率光场显示方法，搭建基于微针孔单元阵列的光场显示原型系统和基于非连续柱透镜阵列的光场显示原型系统，并验证该方法的可行性与优越性。

一、基于微针孔单元阵列的光场显示实验验证

基于微针孔单元阵列的光场显示原型系统的主要参数如表 3-1 所示。基于相同的 LED 显示器与相同显示内容，传统的基于透镜阵列的集成成像与基于微针孔单元阵列的水平光场显示效果对比如图 3-10 所示。图 3-10a 是传统的基于透镜阵列的集成成像显示效果，其视场角为 20°，水平角分辨率为 0.5 视点 / 度。图 3-10b 是基于微针孔单元阵列的水平光场显示效果，其视角为 42.8°，水平角分辨率为 2.3 视点 / 度。从实验对比结果可以看出，在使用相同平面像素资源的情况下，基于微针孔单元阵列的光场显示效果明显好于传统的基于透镜阵列的集成成像效果。

表3-1　基于微针孔单元阵列的光场显示原型系统的主要参数

参数	数值
LED 显示器的尺寸	54 英寸
LED 显示器的分辨率	1280×720 像素
微针孔的短轴（W_p）	0.183mm
微针孔的长轴（H_p）	0.862mm
每个基元图像的分辨率（$M×N$）	10×10 像素
LED 显示器与微针孔单元阵列之间的距离（g）	11.865mm
全息功能屏的水平扩散角（ϕ_x）	0.653°
全息功能屏的垂直扩散角（ϕ_y）	1.35°
全息功能屏和微针孔单元阵列之间的距离（d）	40cm
视角	42.8°
角分辨率	2.3 视点 / 度

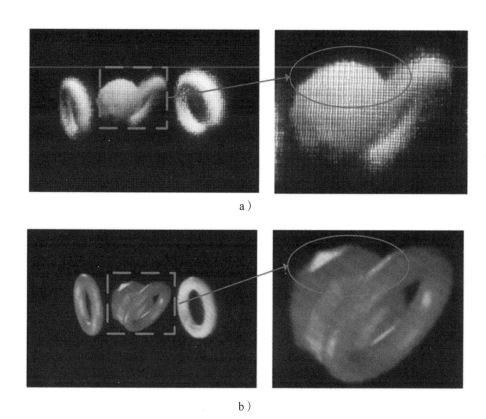

a）

b）

图3-10　传统的基于透镜阵列的集成成像显示效果（a）和基于微针孔单元
阵列的光场显示效果（b）

　　图 3-11a 为呈现 3D 影像的正面效果图和极线图分析，图 3-11b 为 3D 场景中物体的位置分布示意图。在 42.8° 视角范围内，且距离显示器 4.6m 处，从 5 个不同方向对再现的 3D 影像进行拍摄，所拍摄的效果如图 3-12 所示，其中 a）表示从左侧 21.4° 拍摄的效果；b）表示从左侧 10.7° 拍摄的效果；c）表示从正面拍摄的效果；d）表示从右侧 10.7° 拍摄的效果；e）表示从右侧 21.4° 拍摄的效果。

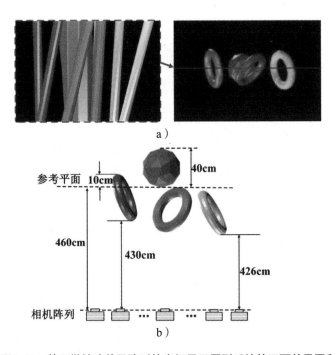

图3-11　基于微针孔单元阵列的光场显示原型系统的正面效果图和
极线图（a）与原场景中物体的位置分布（b）

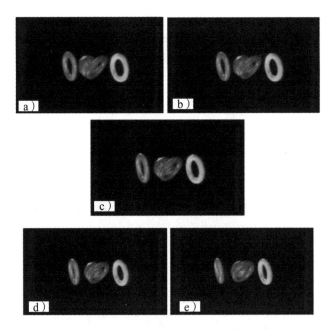

图3-12　从不同角度拍摄的3D影像效果图

二、基于非连续柱透镜阵列的光场显示实验验证

基于非连续柱透镜阵列的光场显示原型系统的主要参数如表 3-2 所示。图 3-13 为基于非连续柱透镜阵列与基于微针孔单元阵列的光场显示效果对比图。通过 3 个观看角度的显示效果对比可以验证，使用非连续柱透镜阵列的光场显示效果克服了由于使用微针孔单元阵列而出现的色彩失真，消除了 3D 影像的彩虹纹。同时，使用非连续柱透镜阵列相比使用微针孔单元阵列，理论上光场显示系统的光能利用率可从 5.49% 上升到 20.5%，提升了 3.73 倍。从图 3-13 可以看出，使用非连续柱透镜阵列所显示的 3D 影像亮度明显高于使用微针孔单元阵列的情况。

表3-2　基于非连续柱透镜阵列的光场显示原型系统的主要参数

参数	数值
LED 显示器的尺寸	54 英寸
LED 显示器的分辨率	1280×720 像素
柱透镜的口径（W）	1.91mm
非连续柱透镜阵列的节距（P_A）	9.3mm
LED 显示器和非连续柱透镜阵列之间的距离（g）	11.865mm
全息功能屏的水平扩散角（ϕ_x）	1.42°
全息功能屏的垂直扩散角（ϕ_y）	1.35°
全息功能屏和非连续柱透镜阵列之间的距离（d）	30cm
视角	42.8°
角分辨率	2.3 视点 / 度

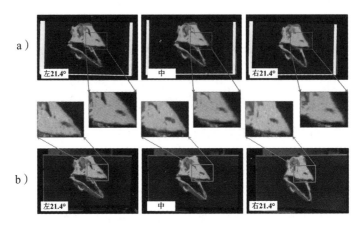

图3-13　基于微针孔单元阵列（a）与非连续
柱透镜阵列（b）的水平光场的显示效果对比图

在光场显示原型系统的42.8°视场角范围内，在距离显示器4.6m处从5个不同方向对再现的3D影像进行拍摄，拍摄效果如图3-14所示，其中a）表示从左侧21.4°拍摄的效果；b）表示从左侧10.7°拍摄的效果；c）表示从正面拍摄的效果；d）表示从右侧10.7°拍摄的效果；e）表示从右侧21.4°拍摄的效果。

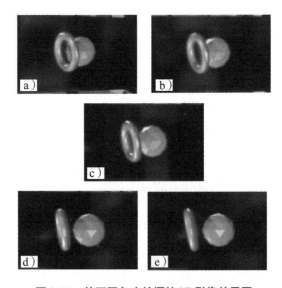

图3-14　从不同角度拍摄的3D影像效果图

三、实验结果分析

如果以特定的视场角重建原始 3D 光场，假设基元图像的分辨率为 $M \times N$，与传统集成成像相比，基于像素水平化调制的高角分辨率光场显示方法可以使角分辨率提升为原来的 N 倍，N 为基元图像的像素行数。角频率带宽是 3D 显示系统能够再现原始光场的角频率范围，表征系统还原原始光场角分辨率的能力，角频率带宽的数学表达式为[①]

$$|\phi| \leqslant \pi/\Delta v \tag{3-16}$$

其中 $\Delta v = \dfrac{M \times P}{N_r} = \dfrac{2L\tan(\theta/2)}{N_r}$，表示独立视点像素之间的间距。根据式（3-16）可知，在视角一定的情况下，视点数目越多，Δv 的值越小，角频率带宽也就越大。图 3-15a 为基于透镜阵列的集成成像的角频率带宽分析示意图，图 3-15b 为基于微针孔单元阵列的光场显示的角频率带宽分析示意图。由于非连续透镜阵列和微针孔单元阵列具有相同的水平像素调制能力，因此基于非连续透镜阵列的光场显示系统的角频率带宽与基于微针孔单元阵列的一致。根据以上分析，基于像素水平化调制的光场显示方法相比传统集成成像，角频率带宽显著增大。

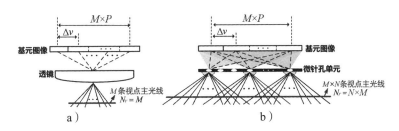

图3-15　基于透镜阵列的集成成像（a）和基于微针孔单元阵列（b）的光场显示的角频率带宽分析

① ZWICKER M，MATUSIK W，DURAND F，et al. Antialiasing for automultiscopic 3D displays［C］// Association for Computing Machinery. Proceedings of the 17th Eurographics conference on Rendering Techniques，2006.

像素水平化调制可由具有精确控光能力的微针孔单元阵列来实现，但是微针孔单元阵列的光能利用率较低。基于微针孔单元阵列的光场显示原型系统中微针孔单元阵列的透光率仅为 5.49%。由此可见，微针孔单元阵列须配合高亮度的背光光源来使用。

为了改善使用微针孔单元阵列实现像素水平化调制的低光能利用率问题，本章提出了非连续透镜阵列控光结构，其透光率为 20.50%，有效提升了系统的光能利用率。微针孔单元阵列和非连续柱透镜阵列具有制备成本低、可制作幅面大的优点，因此基于像素水平化调制的光场显示方法是实现超大尺寸、高质量裸眼 3D 显示的理想方法。

在使用微针孔单元阵列和非连续柱透镜阵列实现像素水平化调制的过程中，由于微针孔单元阵列和非连续柱透镜阵列不具有对杂散光垂直方向角控制的能力，会出现相邻行像素杂散光串扰的问题，导致视点串扰。随着平面像素的尺寸的减小，杂散光串扰越来越严重，并且随着角分辨率的提升，视点串扰对显示质量的恶化会愈加严重。此外，使用非连续柱透镜阵列还会受到像差的影响，进一步恶化 3D 显示的质量。

本章对使用微针孔单元阵列出现的杂散光串扰进行了定量分析，该分析也适用于非连续柱透镜阵列。由分析结果可知，视区内存在无杂散光串扰的正视区域。对于使用常规尺寸的平面显示器所搭建的系统，该区域可以满足观察者以常规姿态观看显示器的需求。实验所搭建的显示原型系统可实现 6.57° 的无杂散光串扰正视区域。

第六节　本章小结

本章针对传统裸眼 3D 显示技术角分辨率低的问题，在集成成像全视差光场构建方法的基础上，提出高角分辨率水平光场的构建方法，设计了微针孔单元阵列和非连续柱透镜阵列实现像素水平化调制，完成对高角分辨率水平光场的再现。本章基于 54 英寸的 LED 显示器，分别搭建了基于微针孔单元阵列和非连续柱透镜阵列的两套高角分辨率光场显示原型系统，实现了 42.8° 的视角和 2.3 视点 / 度的角分辨率，验证了本章所提方法的可行性。实验结果证明了基于像素水平化调制的高角分辨率光场显示方法可以明显提升 3D 显示的角分辨率，从而提升 3D 显示质量。

大尺寸裸眼 3D 显示的垂直视差往往得不到充分的利用，高质量水平光场的构建可极大改善平面分辨率资源的利用率，提升 3D 显示质量和显示立体感。因此，本章所提出的方法，在平面分辨率资源有限的前提下，是实现大尺寸裸眼 3D 显示的理想方法。同时，本章针对传统裸眼 3D 显示技术所遇到的辐辏与调节矛盾问题提供了解决方法，该方法是研究设计基于人眼视觉特性的高质量光场显示方法的基础。

第四章 基于时空复用定向投射光信息的桌面悬浮集成成像方法

裸眼 3D 显示技术按显示形态可以分为两大类，分别为墙面式裸眼 3D 显示技术和桌面式裸眼 3D 显示技术 [1]。传统的裸眼 3D 显示技术一般是墙面式的，其显示视区的形态正对观众的视线前方，以控光元件所在平面为显示面源。然而，一些特定的裸眼 3D 显示应用场景，如电子沙盘、地理测绘图谱等需要裸眼 3D 显示视区以桌面的形式自底部向上方分布，显示面源需要平铺在地面上。因此，以上应用场景的出现，使桌面式裸眼 3D 显示技术成为独立于传统墙面式裸眼 3D 显示技术的另一类重要显示形态。

传统的墙面式裸眼 3D 显示系统无法直接放倒作为桌面式裸眼 3D 显示系统的原因在于，在墙面式的视区分布中，所构建的视点光线是全视角分布的，因此分布在屏幕正上方区域的再现三维空间信息无法被处于显示器周围的观众瞳孔所看到。从信息利用的角度上看，这些三维空间信息被完全浪费了，导致 3D 显示效果的深度线索不清晰，3D 显示景深恶化严重。这个问题在裸眼 3D 显示信息资源极有限的前提下，变得更加突出。

---

① YANG L，REN S Q，JIAO D X，et al. 360° tabletop floating integral imaging based on spatiotemporal perspective-oriented projecting［J］. Optics communications，2020，475：126278-126284.

桌面式裸眼 3D 显示技术可以为处于显示器周围的观众提供生动、自然的 3D 影像[1]。先进的桌面式裸眼 3D 显示器可以为显示 3D 影像的不同部分的结构和相对位置关系提供正确的空间感知，因此可作为电子地形图的显示形式，应用于导航和军事领域。

近年来，有许多优秀的学者致力于开发先进的桌面 3D 显示器，以在360°的观察区范围内获得具有真实、自然的桌面立体显示沉浸感[2][3][4][5][6][7][8]。在这些研究中，基于波光学理论的 360° 桌面全息显示方法可以实现对原始

[1]　KAKEHI Y, IIDA M, NAEMURA T, et al. Lumisight table: an interactive view-dependent tabletop display [J]. IEEE computer graphics and applications, 2005, 25 (1): 48-53.

[2]　YUSUKU S, DAISUKE B, TOYOHIKO Y. Optical rotation compensation for a holographic 3d display with a 360 degree horizontal viewing zone [J]. Applied optics, 2016, 55 (30): 8589-8595.

[3]　LIM Y J, HONG K H, KIM H, et al. 360-degree tabletop electronic holographic display [J]. Optics express, 2016, 24 (22): 24999-25009.

[4]　TATSUAKI I, YASUHIRO T. Table screen 360-degree holographic display using circular viewing-zone scanning [J]. Optics express, 2015, 23 (5): 6533-6542.

[5]　CHANG E Y, CHOI J H, LEE S H, et al. 360-degree color hologram generation for real 3d objects [J]. Applied optics, 2018, 57 (1): 91-100.

[6]　XIA X X, LIU X, LI H F, et al. A 360-degree floating 3d display based on light field regeneration [J]. Optics express, 2013, 21 (9): 11237-11247.

[7]　YASUHIRO T, JUNYA N. Generation of 360-degree color three dimensional images using a small array of high speed projectors to provide multiple vertical viewpoints [J]. Optics express, 2014, 22 (7): 8779-8789.

[8]　SHUNSUKE Y. fVisiOn: 360-degree viewable glasses-free tabletop 3d display composed of conical screen and modular projector arrays [J]. Optics express, 2016, 24 (12): 13194-13203.

目标场景的真实影像再现[1][2][3][4]，因此该方法被认为是一种理想的桌面 3D 显示技术。这种方法的弊端是成像尺寸小，并且无法交互。基于投影的桌面裸眼 3D 显示方法与 360° 桌面全息显示方法不同，是以几何光学理论为基础，实现对光线的数字重建，以获得高性能的裸眼 3D 桌面显示效果[5]。这种桌面式裸眼 3D 显示方法可以实现大尺寸和真彩色的动态 3D 影像实时呈现。然而，这种显示方法的系统集成需要占用很大的空间，其装配程序也很复杂，特别是在使用多个投影仪的情况下。

值得一提的是，上述两种桌面式裸眼 3D 显示方法的共同优势是成功地渲染了正确的空间结构视觉感知和 3D 遮挡关系，并且具有平滑的运动视差。事实上，这个优势是先进的桌面式裸眼 3D 显示器的最基本和最重要的要求之一。

集成成像作为一种重要的裸眼 3D 显示方法，可以渲染出正确的空间结构视觉感知和 3D 遮挡关系，其作为一种光场显示方法在 1908 年被 Lippmann 首次提出。集成成像的发展十分迅速，目前可以呈现具有正确遮挡关系和平滑视差的 3D 影像，并且 3D 影像具有自然的深度感

① YUSUKU S, DAISUKE B, TOYOHIKO Y. Optical rotation compensation for a holographic 3d display with a 360 degree horizontal viewing zone［J］. Applied optics, 2016, 55（30）: 8589-8595.

② LIM Y J, HONG K H, KIM H, et al. 360-degree tabletop electronic holographic display［J］. Optics express, 2016, 24（22）: 24999-25009.

③ TATSUAKI I, YASUHIRO T. Table screen 360-degree holographic display using circular viewing-zone scanning［J］. Optics express, 2015, 23（5）: 6533-6542.

④ CHANG E Y, CHOI J H, LEE S H, et al. 360-degree color hologram generation for real 3d objects［J］. Applied optics, 2018, 57（1）: 91-100.

⑤ TAKAKI Y, UCHIDA S. Table screen 360-degree three-dimensional display using a small array of high-speed projectors［J］. Optics express, 2012, 20（8）: 8848-8861.

知 ①②③④⑤⑥⑦⑧⑨⑩。实际上，集成成像的原理本质上是以数字的方式恢复光场矢量的样本集。先进的集成成像显示器以数字的方式恢复若干具有特定强度和方向的光线样本，这些光线来自真实物体上的每个可见端点，因此真实物体的光场被重建，具有自然深度感知的 3D 影像被呈现到观察者的眼前。集成成像可由平面显示器和控光元件组成，其系统结构简单。就集成成像的这两个优势而言，这种裸眼 3D 显示方法可以被当作实现桌面式裸眼 3D 显示技术的先进实现方案。

① KIM Y M, HONG K H, LEE B H. Recent researches based on integral imaging display method [J]. 3D research, 2010, 1 (1): 17-27.

② XIAO X, JAVIDI B, MARTINEZ-CORRAL M, et al. Advances in three-dimensional integral imaging: sensing, display, and applications [Invited][J]. Applied optics, 2013, 52 (4): 546-560.

③ PARK J H, HONG K H, LEE B H. Recent progress in three-dimensional information processing based on integral imaging [J]. Applied optics, 2009, 48 (34): 77-94.

④ XIE W, WANG Y Z, DENG H, et al. Viewing angle-enhanced integral imaging system using three lens arrays [J]. Chinese optics letters, 2014, 12 (1): 30-33.

⑤ CHO S W, PARK J H, KIM Y H, et al. Convertible two-dimensional-three-dimensional display using an led array based on modified integral imaging [J]. Optics letters, 2006, 31 (19): 2852-2854.

⑥ HUANG H, HUA H. Systematic characterization and optimization of 3d light field displays [J]. Optics express, 2017, 25 (16): 18508-18525.

⑦ ZHU Y H, SANG X Z, YU X B, et al. Wide field of view tabletop light field display based on piece-wise tracking and off-axis pickup [J]. Optics communications, 2017, 402: 41-46.

⑧ GAO X, SANG X Z, YU X B, et al. 360° light field 3d display system based on a triplet lensesarray and holographic functional screen [J]. Chinese optics letters, 2017, 15 (12): 121201.

⑨ ZHAO D, SU B Q, CHEN G W, et al. 360 degree viewable floating autostereoscopic display using integral photography and multiple semitransparent mirrors [J]. Optics express, 2015, 23 (8): 9812-9823.

⑩ LUO L, WANG Q H, XING Y, et al. 360-degree viewable tabletop 3d display system based on integral imaging by using perspective-oriented layer [J]. Optics communications, 2019, 438: 54-60.

近年来，诞生了许多基于集成成像的桌面式裸眼 3D 显示方法 [1][2][3][4]，例如基于头部跟踪和三组合透镜阵列优化的桌面集成成像被相继提出 [5][6]，由于这两种方法的可视区域主要分布在显示器正上方，因此还原出的大量空间信息被浪费，显示景深受到了限制，无法形成具有强沉浸感的立体显示效果。为了提升沉浸感，Zhao 等人利用集成成像和多个半反半透镜开发了一个 360° 可观的多面体悬浮裸眼 3D 显示器 [7]。然而，半反半透镜的应用本身就会减弱沉浸感。此外，Luo 等人利用研制的视区定向控制层结构实现了一种 360° 定向视区的桌面集成成像显示方法 [8]，但这种方法的光能利用率低。

① ZHU Y H, SANG X Z, YU X B, et al. Wide field of view tabletop light field display based on piece-wise tracking and off-axis pickup [J]. Optics communications, 2017, 402: 41-46.

② GAO X, SANG X Z, YU X B, et al. 360° light field 3d display system based on a triplet lensesarray and holographic functional screen [J]. Chinese optics letters, 2017, 15 (12): 121201.

③ ZHAO D, SU B Q, CHEN G W, et al. 360 degree viewable floating autostereoscopic display using integral photography and multiple semitransparent mirrors [J]. Optics express, 2015, 23 (8): 9812-9823.

④ LUO L, WANG Q H, XING Y, et al. 360-degree viewable tabletop 3d display system based on integral imaging by using perspective-oriented layer [J]. Optics communications, 2019, 438: 54-60.

⑤ ZHU Y H, SANG X Z, YU X B, et al. Wide field of view tabletop light field display based on piece-wise tracking and off-axis pickup [J]. Optics communications, 2017, 402: 41-46.

⑥ GAO X, SANG X Z, YU X B, et al. 360° light field 3d display system based on a triplet lensesarray and holographic functional screen [J]. Chinese optics letters, 2017, 15 (12): 121201.

⑦ ZHAO D, SU B Q, CHEN G W, et al. 360 degree viewable floating autostereoscopic display using integral photography and multiple semitransparent mirrors [J]. Optics express, 2015, 23 (8): 9812-9823.

⑧ LUO L, WANG Q H, XING Y, et al. 360-degree viewable tabletop 3d display system based on integral imaging by using perspective-oriented layer [J]. Optics communications, 2019, 438: 54-60.

本章介绍一种基于时空复用定向投射光信息的桌面悬浮集成成像方法。这种柱状形态分布的视区适合坐在或站在屏幕周围观察的情况，有效提高了恢复的空间信息的利用率。这种方法显示的全视差桌面 3D 影像结构清晰，并且不同部分的相对空间位置关系正确，保证了观察者对空间感知的准确判断。

第一节　基于时空复用定向投射光信息的桌面悬浮集成成像系统设计

实现具有柱状分布的视区形态，保证视区的横向视角为 360°、纵向视角为 36°，并设定视区垂直方向定向投射角为 45°。根据视区形态，设计基于时空复用定向投射光信息的桌面悬浮集成成像系统。该系统包括一个定向准直背光光源（Directional Collimated BackLight，DC-BL）、一个双凸非球面透镜阵列（Biconvex Aspheric Lens Array，BALA）、一个具有高刷新率的液晶显示屏（Liquid Crystal Display，LCD）、一片全息功能屏（Holographic Functional Screen，HFS）、一台机械旋转平台、一个 FPGA 开发板和一台计算机。

基于时空复用定向投射光信息的桌面悬浮集成成像系统的结构如图 4-1 所示。系统中，定向准直背光光源是由一个发光二极管（Light-Emitting Diode，LED）阵列、一个圆形菲涅尔透镜（Circular Fresnel Lens Array，CFLA）和一个直角棱镜阵列（Right Angle Prism Array，RAPA）组成，其以特定俯仰角定向发射准直光线束。从定向准直背光光源出射的准直光线经过液晶显示器的调制后具有特定的强度信息，再经过双凸非球面透镜阵列后以特定方向信息汇聚，进而形成点光源阵列。从点光源阵列出射的光线在空间中集成为 3D 影像，并且呈现具有特定方向的视区。为了实现

360°全视角 3D 影像，进一步以时空复用的形式对定向投射的视区进行全角度扩充形成柱状视区。在系统中，以 FPGA 驱动机械旋转平台来带动定向准直背光光源以垂直方向为轴进行匀速转动，最终使从定向准直背光光源出射的光线以时空复用的方式分布在 360° 柱状视区内。FPGA 作为系统的动态时间同步控制器（Dynamic Time-Synchronized Controller，DTSC），可产生转速控制信号、视频信号和门控制信号。定向准直背光光源在机械旋转平台上转动的角速度是由转速控制信号决定的。当定向准直背光光源按预定方向旋转时，背光 LED 阵列由门控制信号触发，相应的基元图像阵列帧由视频信号同时传输到 LCD 显示面板上。利用计算机使用虚拟摄像机阵列拍摄虚拟场景来产生视差图像，并根据空间编码方法，利用 FPGA 合成基元图像阵列帧。

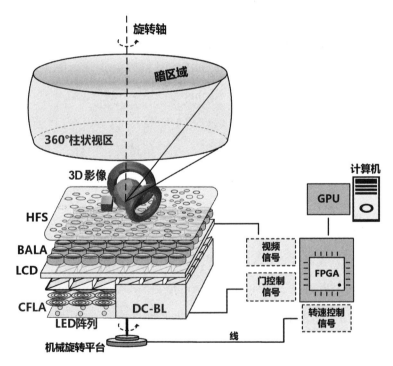

图4-1　基于时空复用定向投射光信息的桌面悬浮集成成像系统的原理

第二节　具有定向视区的大视角桌面集成成像方法

桌面式裸眼 3D 显示方法是利用具有定向视区的大视角桌面集成成像通过空间和时间混合复用的方式实现的。定向视区大视角桌面集成成像通过构建点光源阵列作为空间像素来呈现 3D 影像，点光源阵列中点光源的数目便是空间像素的数目[1][2]。根据光学成像，点光源阵列中点光源的大小与定向准直背光光源中 LED 阵列的发光单元的大小在理论上一致。与传统的基于点光源阵列的集成成像显示方法不同，通过使用光学优化的双凸非球面透镜阵列，笔者提出的具有定向视区的大视角桌面集成成像在 LCD 面板前形成像差抑制的点光源阵列。此外，利用全息功能屏消除了由于点光源阵列中光源间隔导致的观看盲区。全息功能屏可以提高 3D 成像质量，特别是对于周期性排列的光学单元而言[3][4][5][6][7]，经过双凸非球面透镜阵列解

① PARK J H, KIM J W, KIM Y H, et al. Resolution-enhanced three-dimension/two-dimension convertible display based on integral imaging [J]. Optics express, 2005, 13（6）: 1875-1884.

② WANG Z, WANG A T, MA X H, et al. Resolution-enhanced integral imaging display using a dense point light source array [J]. Optics communications, 2017, 403: 110-114.

③ YAN X P, WEN J, YAN Z Q, et al. Post-calibration compensation method for integral imaging system with macrolens array [J]. Optics express, 2019, 27（4）: 4834-4844.

④ WEN J, YAN X P, JIANG X Y, et al. Integral imaging based light field display with holographic diffusor: principles, potentials and restrictions [J]. Optics express, 2019, 27（20）: 27441-27458.

⑤ WEN J, YAN X P, JIANG X Y, et al. Comparative study on light modulation characteristic between hexagonal and rectangular arranged macro lens array for integral imaging based lightfield display [J]. Optics communications, 2020, 466: 125613.

⑥ SANG X Z, GAO X, YU X B, et al. Interactive floating full-parallax digital three-dimensional light-field display based on wavefront recomposing [J]. Optics express, 2018, 26（7）: 8883-8889.

⑦ YU C X, YUAN J H, FAN F C, et al. The modulation function and realizing method of holographic functional screen [J]. Optics express, 2010, 18（26）: 27820-27826.

调之后的离散空间信息被全息功能屏平滑化处理后，能更好地拟合原始光场分布。定向准直背光光源与双凸非球面透镜阵列共同作用形成具有定向投射角为θ^V的定向视区，如图 4-2 所示。

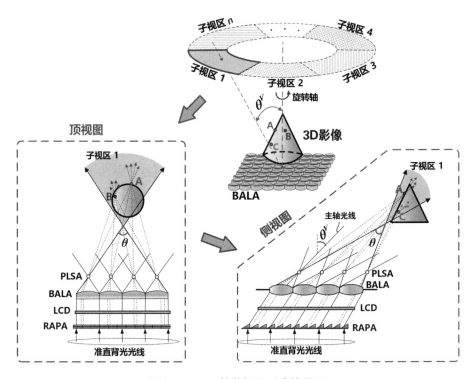

图 4-2　360° 柱状视区形成的原理

定向投射角θ^V为 z 轴正方向与双凸面非球面透镜阵列中透镜单元主轴光线的侧向出射方向的夹角，其表达式为

$$\theta^V = \arcsin \frac{nH_P}{\sqrt{H_P^2 + L_P^2}} - \alpha \qquad （4-1）$$

式中，α、H_P 和 L_P 分别是直角棱镜阵列中直角棱镜的倾角、高度和长度。视区定向投射的实现保证了重构光线是在特定方向上集成形成 3D 影像。与传统集成成像的全向视区相比，定向视区考虑了观察者的观察位置，实现了对重构光线样本利用率的改善。具有定向视区的大视角桌面集成成像

的视角 θ 由双凸非球面透镜阵列节距 P_A 和透镜焦距 f 决定，其数学表达式为

$$\theta = 2\arctan\left(\frac{P_A}{2f}\right) \tag{4-2}$$

根据式（4-2）可知，增大镜阵列节距或减小透镜焦距都将扩大集成成像的视角。在我们实现 360° 桌面集成成像时，在使用大节距的双凸非球面透镜阵列的基础上，旋转定向准直背光光源以时分复用的形式无缝拼接桌面集成成像的定向视区，形成横向视角为 360°、纵向视角为 θ、垂直方向定向投射角为 θ^V 的桌面式裸眼 3D 柱状视区，如图 4-2 所示。

众所周知，增加透镜阵列的间距会加剧透镜边缘的光线像差，恶化 3D 显示质量。为了解决大节距透镜阵列带来的像差问题，需要对透镜阵列进行光学优化。设计透镜阵列为双凸非球面面形，面形结构函数可以表示为

$$z = \frac{cr^2}{1 + \sqrt{1 - (1+k)c^2 r^2}} + \alpha_2 r^2 + \alpha_4 r^4 + \alpha_6 r^6 + \cdots \tag{4-3}$$

式中，c 为顶点曲率，r 为径向坐标，k 为圆锥系数，$\alpha_2, \alpha_4, \alpha_6$ 为非球面系数。在光学优化阶段，利用阻尼最小二乘法对双凸非球面透镜的初级像差和高阶像差进行均衡优化，当双凸非球面透镜 45° 场角的最大有效值半径与孔径之比小于 1% 时，可以确认双凸非球面透镜的优化结构和相应参数，如图 4-3a 所示。优化后的双凸非球面透镜与相同焦距和相同直径的标准透镜形成点光源的弥散斑如图 4-3b 所示，优化后透镜的 45° 视场角的最大均方根（Root Mean Square，RMS）半径为 77.051μm，而标准透镜的最大均方根半径为 1067.78μm。也就是说，使用光学优化后的双凸非球面透镜阵列可以有效抑制像差，保证高质量的 3D 显示效果。基于时空复用定向投射光信息的桌面悬浮集成成像系统所使用的控光结构为光学优化后的双凸非球面透镜阵列。

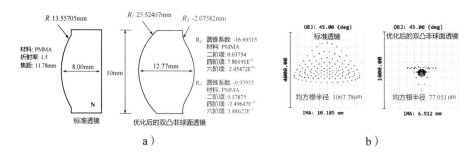

图4-3 优化后双凸非球面透镜的结构和相应参数（a）以及优化后双凸
非球面透镜与标准透镜的弥散斑对比（b）

第三节 定向视区的时空复用拼接方法

定向视区的时空复用拼接方法用于形成 360° 柱状视区。利用机械旋转平台带动方向性准直背光光源以特定的角速度旋转，就可以使来自直角棱镜阵列的准直光线束以时空复用的方式投射到特定的方向角上。同时，相应的基元图像阵列帧按照预定的方向角被传送到 LCD 面板上，这样就会在特定方向角上获得具有特定强度的准直光线束。通过双凸非球面透镜阵列的准直光线束在时空上汇聚形成若干均匀分布的密集点光源阵列，这些点光源阵列就是组成 3D 影像的体像素，因此 3D 影像会在 360° 柱形视区内呈现正确的空间遮挡关系。

从另一个角度来说，整个 360° 柱形视区是由若干定向子视区在时空上拼接而成的，因而时空拼接需要考虑 LCD 面板的刷新率。LCD 面板的刷新率越高，观察者的感觉就越舒适。系统设计每个拼接的定向子视区的帧率为 24Hz，以避免基于视觉暂留效应出现的图像闪动。因此，在系统预设计阶段，为了在每个定向子视区获得足够高的帧率，必须要求 LCD 面板刷新率越高越好，这将导致 LCD 面板同时牺牲了分辨率。

基于以上考虑，显示原型系统选用刷新率为 240Hz、分辨率为

1920×1080 像素的 LCD 面板。设计桌面显示原型系统的 360° 视区由 10 个定向子视区时空复用拼接而成，每个定向子视区的视角为 36°，如图 4-4a 所示。如果定义 θ_k 为第 k 个定向子视区，则有如下数学表达式

$$360° = \bigcup_{k=1}^{10} \theta_k \qquad (4\text{-}4)$$

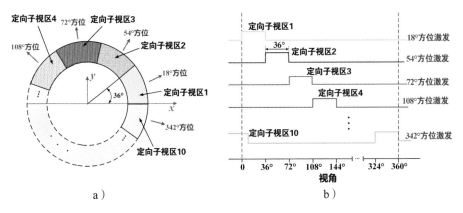

图4-4　定向子视区时空复用拼接示意图（a）和定向子视区拼接的时空复用时序图（b）

在系统中，使用 FPGA 作为动态时间同步控制器，控制方向性准直背光光源的旋转角速度、LED 阵列的触发和 LCD 面板的相应基元图像阵列的加载时间点。图 4-4b 为实现定向视区拼接的时空复用时序图。

第四节　空间编码方法

空间编码方法用于确保时空复用所重建的光场具有正确的三维感知和空间遮挡。该方法将 LCD 面板上的基元图像阵列中任意像素几何映射到相对应点光源出射的光线上。也就是说，3D 光场渲染是平面信息标量和 3D 空间信息矢量之间的映射。空间编码的示意图如图 4-5 所示。定义

$\mathrm{Pixel}(i,j,R,G,B)$ 为基元图像阵列中的任意像素，其映射的光线为从点光源 $\mathrm{PLS}(x,y,z)$ 出射的光线 $\mathrm{Ray}(x,y,z,\theta^R,\varphi^R,R,G,B)$。$(i,j)$ 定义为基元图像阵列中的第 i 行、第 j 列像素。(R,G,B) 定义为像素的三通道强度信息，即 2D 标量信息。(x,y,z) 定义为点光源的空间坐标位置。$\mathrm{Backlight}(\theta^B,\varphi^B)$ 定义为从方向性准直背光光源出射的背光光线，其中 (θ^R,φ^R) 为方向角。特别说明，$(x,y,z,\theta^R,\varphi^R,R,G,B)$ 为 3D 空间矢量信息，其中 (R,G,B) 与 $\mathrm{Pixel}(i,j,R,G,B)$ 中的值一样。(θ^B,φ^B) 的值为

$$\theta^B = \theta^V \tag{4-5}$$

$$\theta^B = (k-\frac{1}{2})\theta \tag{4-6}$$

式中，k 为定向子视区的序号，其取值范围从 1 到 10。基于折射定律和几何光学理论，空间编码映射方程为

$$\begin{bmatrix} x \\ y \\ z \end{bmatrix} = W_P \begin{bmatrix} \mathrm{floor}(\frac{j-S_x^P}{N+1})+S_x^P+\frac{N}{2} \\ \mathrm{floor}(\frac{i-S_y^P}{N+1})+S_y^P+\frac{N}{2} \\ 0 \end{bmatrix} + (f+L_d)\tan\theta^B \begin{bmatrix} \cos\varphi^B \\ \sin\varphi^B \\ \frac{1}{\tan\theta^B} \end{bmatrix} \tag{4-7}$$

$$\begin{bmatrix} \theta^R \\ \varphi^R \end{bmatrix} = \begin{bmatrix} \frac{2r\theta}{NW_P} \\ \arcsin[\frac{(i-S_y^P-1)\bmod N+1-N/2}{r/W_P}] \end{bmatrix} + \begin{bmatrix} \theta^B \\ \varphi^B \end{bmatrix} \tag{4-8}$$

其中，

$$r = W_P\sqrt{[(i-1-S_y^P)\bmod N+1-\frac{N}{2}]^2+[(j-1-S_x^P)\bmod N+1-\frac{N}{2}]^2} \tag{4-9}$$

$$S_x^P = \mathrm{floor}(\frac{L_d\cdot\tan\theta^B\cdot\cos\varphi^B}{W_P}) \tag{4-10}$$

$$S_y^P = \text{floor}(\frac{L_d \cdot \tan\theta^B \cdot \sin\varphi^B}{W_P})$$

（4-11）

式中，W_P 为 LCD 面板像素的宽度，N 为基元图像中横向像素分辨率，r 为像素距离其所属基元图像中心的距离，L_d 为 LCD 面板和双凸非球面透镜阵列的距离，S_x^P 和 S_y^P 分别为不同基元图像阵列帧延 x 轴和 y 轴的水平偏置距离。利用式（4-5）—式（4-11），可精准完成空间编码。在实际空间编码过程中，一旦用相机阵列捕捉到从点光源阵列发出的具有 3D 空间信息的光线，就可以根据所提出的空间编码方法对基元图像阵列帧进行渲染。

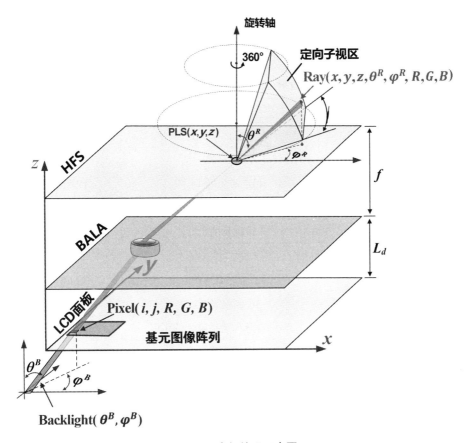

图4-5 空间编码示意图

第五节　实验结果与分析

基于时空复用定向投射光信息的桌面悬浮集成成像原型系统的主要参数如表 4-1 所示，该系统实现了横向视角为 360°、纵向视角为 36°、定向投射角为 45° 的柱状视区，并且在视区范围内构建了 79×79 个水平与垂直视点。为了满足对 LCD 面板的高性能要求，选用 12.5 英寸的扭曲向列型（Twisted Nematic，TN）LCD 面板搭建原型系统，即满足 1ms 响应时间和 240Hz 刷新率的要求。该 LCD 显示器对于倾斜入射的准直光线的透射率为 7%。

表4-1　基于时空复用定向投射光信息的桌面悬浮集成成像原型系统的主要参数

基本组成	参数	数值
双凸非球面透镜阵列	单透镜的口径	10mm
	节距（P_A）	11.5mm
	单透镜焦距（f）	17.69mm
直角棱镜阵列	单棱镜倾斜角（α）	30°
	单棱镜长度（L_A）	3 mm
	单棱镜宽度（H_A）	2.27mm
	折射系数（n）	1.6
全息功能屏	扩散角	4.45°
	与双凸非球面透镜阵列的距离	17.69mm
LCD 面板	分辨率	1920×1080 像素
	刷新率	240Hz
	响应时间	1ms
	尺寸	12.5 英寸

基于时空复用定向投射光信息的桌面悬浮集成成像原型系统实物图如图 4-6a 所示。桌面式裸眼 3D 显示器最突出的应用是数字地图展览，因此，下面用一个正多面体球、一个立方体和两个环形体的位置数据来证明本章所提方法的可行性和优越性，组成的 3D 模型如图 4-6b 所示。在原型系统中，利用全息功能屏对来自点光源阵列中的光线波前进行再调制，明显改善了由点光源阵列重建 3D 影像视野盲区引起的不完整视觉效果，如图 4-7 所示。

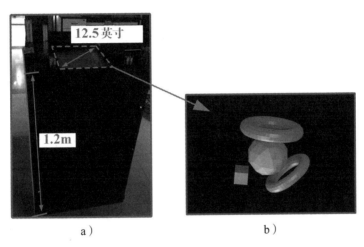

图4-6　基于时空复用定向投射光信息的桌面悬浮集成成像原型系统实物图（a）
和一个正多面体球、一个立方体和两个环形体组成的3D模型（b）

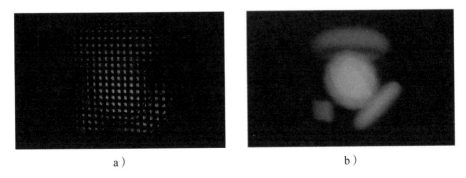

图4-7　没有使用全息功能屏的显示效果（a）和使用全息功能屏的显示效果（b）

原型系统垂直方向上拍摄获得的显示效果如图 4-8 所示，图中标识角度为拍摄位置与 x 轴正方向的夹角。图 4-9 为从原型系统周围以 45° 垂直方向定向投射角的侧向方位拍摄到的显示效果，图中标识的角度为拍摄位置与 x 轴正向的夹角。从实验效果可以看出，360° 柱状视区的桌面集成成像方法可以提供具有平滑运动视差和细腻空间立体感的悬浮 3D 影像，其显示 3D 空间位置关系清晰。这也证明了所提出的方法可有效提升重构光线样本的利用率，可真实恢复高质量的 3D 光场，适用于观察者分布在周围的桌面显示应用场景。

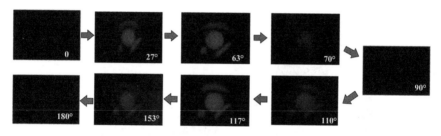

图4-8 从显示原型系统垂直方向上拍摄获得的显示效果

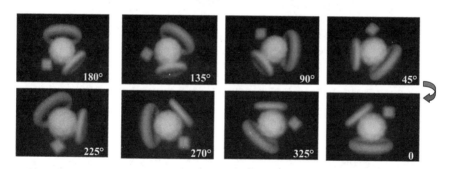

图4-9 从原型系统周围以 45° 垂直方向定向投射角的侧向方位拍摄到的显示效果

应该说明的是，在设定全息功能屏的扩散角以及全息功能屏与双凸非球面阵列之间的距离时，应该考虑 3D 影像的可见景深与透镜阵列边缘轮廓的可见度 [①]。因此，当考虑在桌面显示系统中使用高亮度的背光光源来增

---

① YAN X P, WEN J, YAN Z Q, et al. Post-calibration compensation method for integral imaging system with macrolens array [J]. Optics express, 2019, 27（4）: 4834-4844.

加 3D 影像的亮度时，全息功能屏的扩散角或全息功能屏与双凸非球面阵列之间的距离应适当增加，以减弱透镜阵列轮廓的可见度，但是是以减弱可显示景深为代价实现的。

第六节　本章小结

本章提出了一种可用于实现 360° 桌面式裸眼 3D 显示的集成成像方法，该方法以时空复用拼接集成成像定向子视区的方式形成了 360° 全视角的柱状视区，该视区的分布特征对有限恢复的 3D 空间信息具有高利用率。集成成像定向子视区是使用方向性准直背光光源配合经过光学优化后的双凸非球面透镜阵列实现的。通过使用机械旋转平台带动方向性准直背光光源转动，以 FPGA 作为动态时间同步控制器控制方向性准直背光光源的旋转角速度、LED 阵列的触发时间和 LCD 面板的相应基元图像阵列的加载时间点，最终实现对集成成像定向子视区的时空复用拼接。

为了保证在 360° 柱状视区范围内 3D 影像具有正确的遮挡关系和空间结构，本章提出了适配的空间编码方法。此外，系统使用了全息功能屏，对经过双凸非球面透镜阵列的光线的光波前进行再调制，以消除透镜阵列结构所引起的视野盲区，进一步提升 3D 影像的显示效果。

在实验验证中，原型系统实现了具有 79×79 个视点、18cm 景深的高质量悬浮显示效果，并且 3D 影像的可视视区为具有 45° 垂直方向定向投射角、360° 横向视角、36° 纵向视角的柱状视区。柱状的 360° 视区具有极高的信息利用率，在桌面式裸眼 3D 显示使用场景中具有很大的优势。

第五章　抑制串扰的高分辨率光场显示方法

　　传统裸眼 3D 显示具有辐辏与调节矛盾的问题，会使观众产生眩晕感、眼部不适的症状[1][2][3][4][5]。高角分辨率裸眼 3D 显示技术是克服辐辏与调节矛

① WANN J P，RUSHTON S，MON-WILLIAMS M. Natural problems for stereoscopic depth perception in virtual environments［J］. Vision research，1995，35（19）：2731-2736.

② DODGSON N A. Autostereoscopic 3d displays［J］. Computer，2005，38（8）：31-36.

③ HOFFMAN D M，GIRSHICK A R，AKELEY K，et al. Vergence-accommodation conflicts hinder visual performance and cause visual fatigue［J］. Journal of vision，2008，8（3）：1-30.

④ BANDO T，IIJIMA A，YANO S. Visual fatigue caused by stereoscopic images and the search for the requirement to prevent them：a review［J］. Displays，2012，33（2）：76-83.

⑤ HUANG H，HUA H. Systematic characterization and optimization of 3d light field displays［J］. Optics express，2017，25（16）：18508-18525.

盾问题的有效方法[1][2][3][4][5][6][7]。传统的高角分辨率裸眼 3D 显示技术没有考虑对视点串扰的抑制，并且随着显示角分辨率的提升，视点串扰对显示质量的恶化会越来越严重，导致 3D 显示深度信息表达的精确度不足[8][9]。为克服传统裸眼 3D 显示辐辏与调节矛盾的问题，实现低串扰的高角分辨率裸眼 3D 显示效果，本章提出抑制串扰的高分辨率光场显示方法。

本章用垂直方向准直背光光源来代替传统裸眼 3D 显示所使用的散射背光光源，并使其配合小节距微针孔单元阵列实现低串扰的高角分辨率光场显示。基于实时入瞳光场再现方法，利用眼动仪实时跟踪左眼、右眼瞳孔获得它们的空间位置，实现实时采集与再现双眼视锥角范围的光矢量场，

① DOWNING E，HESSELINK L，RALSTON J，et al. A three-color，solid-state，three-dimensional display［J］. Science，1996，273（5279）：1185-1189.

② LIU X，LI H. The Progress of Light-Field 3-d displays［J］. Information display，2014，30（6）：6-14.

③ WETZSTEIN G，LANMAN D，HIRSCH M，et al. Tensor displays：compressive light field synthesis using multilayer displays with directional backlighting［J］. ACM transactions on graphics，2012，31（4）：1-11.

④ XIAO X，JAVIDI B，MARTINEZ-CORRAL M，et al. Advances in three-dimensional integral imaging：sensing，display，and applications［Invited］［J］. Applied optics，2013，52（4）：546-560.

⑤ SANG X Z，GAO X，YU X B，et al. Interactive floating full-parallax digital three-dimensional light-field display based on wavefront recomposing［J］. Optics express，2018，26（7）：8883-8889.

⑥ LEE J H，PARK J Y，NAM D，et al. Optimal projector configuration design for 300-mpixel multi-projection 3d display［J］. Optics express，2013，21（22）：26820-26835.

⑦ YASUHIRO T，KOSUKE T，JUNYA N. Super multi-view display with a lower resolution flat-panel display［J］. Optics express，2011，19（5）：4129-4139.

⑧ SALMIMAA M，JÄRVENPÄÄ T. 3-D crosstalk and luminance uniformity from angular luminance profiles of multiview autostereoscopic 3-d displays［J］. Journal of the society for information display，2008，16（10）：1033-1040.

⑨ WOODS A J. Crosstalk in stereoscopic displays：a review［J］. Journal of electronic imaging，2012，21（4）：40902.

以及 3D 显示的视角与分辨率的分离，在大视角显示的同时确保再现光场具有高角分辨率。该方法可使单眼同时观察到多个视点而形成有效的单眼调节激励，消除辐辏与调节的矛盾，实现对原始光场信息深度线索的完整再现和 3D 显示空间信息量的提升。

此外，该方法呈现的 3D 影像具有高空间分辨率，可细腻、清晰地显示 3D 影像。在实验阶段，搭建抑制串扰的高分辨率光场显示原型系统，用以验证方法的可行性和优越性。

第一节　抑制串扰的高分辨率光场显示系统设计

光场显示技术可以分为两类，一类是近眼光场显示技术，另一类是自由立体光场显示技术。对比自由立体光场显示技术，近眼光场显示技术基于光电微型元件再现针对人眼瞳孔位置的光场影像，具有视点间串扰小、分辨率相对较高的优点。自由立体光场显示技术不需要佩戴任何辅助设备即可为观察者提供单眼多个独立的视点，从而给予人眼完整的深度线索激励。

目前一些先进的研究工作已经涉及自由立体光场显示，基于视网膜的光线重建原理，通过产生多条进入观察者单眼的视点光线来激励人眼获得完整的立体视觉生理和心理因素。其中，Kakeya 提出了一种基于时间复用狭缝光栅的单眼全高清超多视点显示技术，该技术需要使用 2 个刷新率为 180Hz 的液晶显示器，以 30fps 的帧率在空间中重建 18 个视点 [1]。这种显示技术具有 0.71mm^{-1} 的再现视点密度，可以使 4mm 的人眼瞳孔接收到 2.84 个独立视点。利用人眼跟踪设备，可在高视点角分辨率的基础上获得大视场角。这种

---

[1]　KAKEYA H. A FULL-HD super-multiview display with time-division multiplexing parallax barrier [J]. SID symposium digest of technical papers, 2018, 49 (1): 259-262.

方法依赖于高分辨率的显示设备，并且需要精密的机械结构来保证 2 个液晶显示器组装的精密度。该方法没有考虑到视点间的串扰抑制，视点串扰将会降低 3D 显示深度线索表达的准确度，影响对于复杂场景的光场再现质量。

本章提出的抑制串扰的高分辨率光场显示方法是一种面向人眼瞳孔的自由立体光场重建方法。该方法利用眼动仪和小节距微针孔单元阵列，使 3 束视点光束进入单眼瞳孔，激励人眼进行有效的单眼调节，进而消除辐辏与调节的矛盾。抑制串扰的高分辨率光场显示系统由垂直方向准直背光光源、液晶面板、微针孔单元阵列、全息功能屏和人眼跟踪设备组成，如图 5-1 所示。

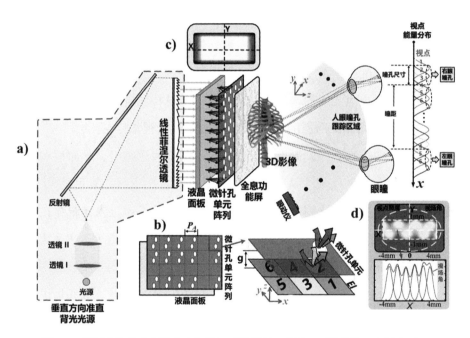

图 5-1   抑制串扰的高分辨率光场显示系统原理示意图：系统结构示意图（a）、微针孔单元阵列配合垂直方向准直背光光源形成视点的示意图（b）、准直背光光源的能量辐射仿真图（c）和构建视点的能量辐射仿真图（d）

与传统裸眼 3D 显示器类似，抑制串扰的高分辨率光场显示系统使用液晶面板承载基元图像阵列，来提供构建光场的视点信息。与传统裸眼 3D 显示器不同的是，抑制串扰的高分辨率光场显示系统利用眼动仪实时跟踪人眼双瞳孔的空间位置，并基于双瞳孔的空间位置，以高帧率刷新基元图像阵列的液晶面板配合微针孔单元阵列和全息功能屏，实时刷新人眼视锥角范围内具有特定方向角、颜色和强度的光束簇。在平面像素资源有限的前提下，实现高分辨率、大视角的光场显示。使用微针孔单元阵列产生的 6 束视点光线束具有小扩散角，可在空间中形成微小视点视区。

本章所提方法用到的控光元件与第三章中所提方法的控光元件一样，都是微针孔单元阵列。区别于第三章所用微针孔单元阵列，本章重新设计微针孔单元阵列的参数，使其具有极小节距以获得微小视点视区，实现高角分辨率的 3D 显示效果。为抑制高角分辨率的视点串扰，使用垂直方向准直背光光源配合小节距微针孔单元阵列消除基元图像临近行像素杂散光串扰，实现对视点光线的精准控制。系统的全息功能屏用于实现光线束波前的再调制，消除由于使用微针孔单元阵列形成的视觉盲点。

垂直方向准直背光光源由点光源、非球面准直透镜组、平面镜和非球面线性菲涅尔透镜组成。从准直背光光源发出的光线通过基元图像阵列，被小节距微针孔单元阵列准确地以不同水平方向角调制进入人眼瞳孔。假设瞳孔大小和瞳孔间距分别为 4mm 和 64mm，如图 5-1a 所示，在系统最佳观看距离 1.5m 处，单眼可以同时观察到 6 个独立视点中的 3 个，分别是对应左眼瞳孔的 4—6 号视点和对应右眼瞳孔的 1—3 号视点。也就是说，在系统最佳观看距离上可以实现 1.333mm 的单视点微视区，即 39.2 视点 / 度的角分辨率。

根据如图 5-1b 所示基元图像的编码规则，单眼可以观察到 3 个独立的视点，因此单眼分辨率为 1920×1080 像素，3D 影像空间分辨率可达 1280×1080 像素。该显示方法实现高清显示效果的同时可以有效激励单眼调节，克服传统裸眼 3D 显示器辐辏和调节的矛盾。微针孔单元阵列的结构如图 5-1b 所示，它由不透光材质和按特定间隔排列的针孔组成。针孔的形状为椭圆形，并且长轴平行于垂直方向。在原型系统中所设计的垂直方向准直背光光源的垂直发散角为 90°，水平发散角为 0.05°，其辐射能量仿真图如图 5-1c 所示。利用垂直方向准直背光光源与小节距微针孔单元阵列产生的 6 个视点在系统最佳观看距离上的仿真辐射能量分布如图 5-1d 所示。系统使用的眼动仪是由高清相机和 3 个红外相机组成的，瞳孔跟踪算法加载到计算机上再驱动眼动仪运行。高清摄像机用来对实时的人脸面部位置进行捕获，3 个红外摄像机用来对人眼左、右瞳孔的实时位置进行精确的跟踪。眼动仪的处理时间为 9ms，识别率为 90%，并且能达到 0.5mm 的跟踪精度。在原型系统中，光场的实时采集和重建帧率为 40fps。

第二节 高角分辨率视点串扰的抑制方法

微针孔单元阵列具有相对于折射控光元件更为优越的控光能力，但是散射背光作为光源时，基元图像邻行像素的杂散光会在水平方向上产生较大的视点串扰，并且随着平面像素尺寸的减小，杂散光串扰越来越严重；随着视点角分辨率的提升，视点串扰对显示质量的恶化会愈加严重。

为简化说明使用微针孔阵列配合散射背光光源产生视点串扰的原因，本节以调制光线最小单位的微针孔单元为例进行分析，如图 5-2 所示。基元图像中的像素发出的光线可以从同一高度对应的针孔射出，照射到全息功能屏上形成视点光斑。从视点光斑发出的光线经过全息功能屏的扩散具有特定的方向角，从而形成拟合原始光场的视点。用散射光源作为背光，从光源出射的光线通过像素后能从与该像素临近高度的微针孔中出射，照射到全息功能屏上形成串扰视点光斑。这些串扰视点光斑发出的杂散光线经过全息功能屏被扩散到正确视点视区内与其重叠，从而对正确构建的视点产生干扰，导致严重的视点串扰。微针孔单元阵列的节距越小，临近行像素发出的光线从非对应微针孔中出射产生的杂散光串扰越严重，这样经过全息功能屏扩散后的视点串扰也越严重，会导致 3D 影像质量愈加恶化。图 5-2 所构建的视点光斑和串扰视点光斑被表示为 $V_n(n=1,2,3,\cdots,6)$，表示第 V_n 个视点。从全息功能屏的光斑上发出的光线会形成视点的视窗，杂散光形成的错误视点分布会与正确视点排布重叠产生视点串扰。

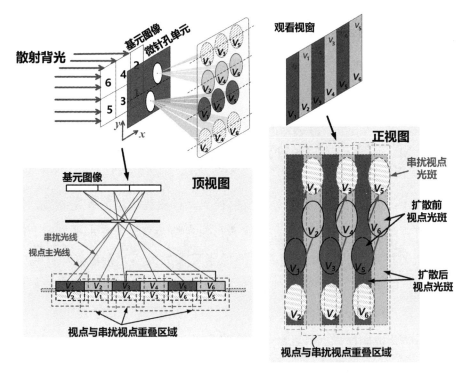

图 5-2 使用散射背光光源的视点串扰示意图

为了抑制视点串扰，微针孔单元阵列配合垂直方向准直背光光源进行视点的构建，如图 5-3 所示。垂直方向准直背光光源发出的光束在垂直方向上具有极小的扩散角，被像素调制出射后不会从临近行像素对应的微针孔中出射，消除了杂散光串扰。因此串扰视点光斑不会在全息功能屏上出现，并且视点光斑经过全息功能屏特定角度的扩散，对光波前进行波前再调制的同时，可以保证视点视区间重叠区域的面积足够小。在不产生垂直方向杂散光串扰的情况下，垂直方向准直背光光源的垂直方向扩散角的最大阈值限定由几何关系表述为

$$\phi \leqslant \arctan(\frac{P-H_p}{2g}) \qquad (5\text{-}1)$$

其中 P 是液晶显示器像素的尺寸，H_p 为微针孔单元阵列中针孔的开孔高度，g 为像素平面与微针孔单元阵列的距离。考虑到微针孔单元阵列水平方向的强控光能力，垂直方向准直背光光源的水平扩散角应该足够大，以保证 3D 显示的大水平视角。基于低串扰高角分辨率显示实现方法，可实现显示原型系统的视点串扰不超过 7%，达到商用助视 3D 显示的串扰标准[1][2]。

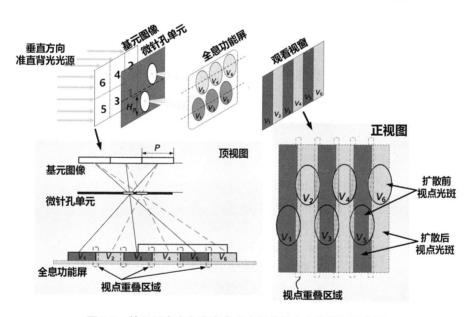

图5-3　基于垂直方向准直背光光源的视点串扰抑制示意图

① KANG H，ROH S D，BAIK I S，et al. A novel polarizer glassestype 3d displays with a patterned retarder［J］. SID symposium digest of technical papers，2010，41（1）：1-4.

② CHANG Y C，MA C Y，HUANG Y P. Crosstalk suppression by image processing in 3d display［J］. SID international symposium，2010，41（1）：124-127.

为了满足式（5-1）所要求的背光源垂直扩散角最大阈值的限定，背光光源的准直透镜组和线性菲涅尔透镜被设计为非球面结构，并且对这些光学元件进行联合光学优化。

基于阻尼最小二乘法，对构成背光源的光学元件进行反向光路联合优化来抑制主像差和其余高阶像差。在反向光路联合优化的过程中，将满足垂直扩散角阈值的平行光束作为背光源光路的入射光线，点光源位于光路的像面上，MTF 作为光路光学优化的测量尺度。通过像差抑制优化过程，可确定准直透镜组和线性菲涅尔透镜的参数以及点光源的最优制作尺寸。

图 5-4 为仿真的背光光路使用优化后的非球面准直透镜组和非球面线性菲涅尔透镜的 MTF 曲线与使用标准透镜组、标准线性菲涅尔透镜的 MTF 曲线对比图。从仿真结果可以看出，当光束以 90° 的水平扩散角和 0.05° 的垂直扩散角入射时，使用优化后的非球面准直透镜组和非球面线性菲涅尔透镜的背光光路的像差被明显地抑制了。

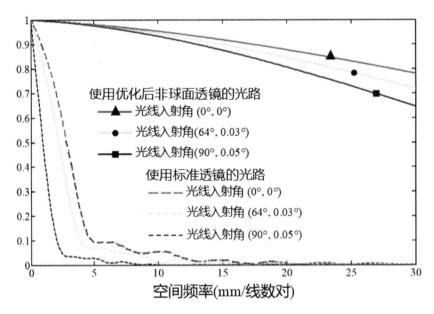

图5-4　优化的非球面透镜光路与标准透镜光路的MTF曲线对比

第三节　基于波前再调制的分辨率均衡优化方法

全息功能屏用于对恢复光场的波前进行再调制，从全息功能屏发出的光线具有特定的方向角、颜色和强度，因此可以认为全息功能屏上的视点光斑是重构原始光场的空间体像素，这种恢复光场的方式可以被认为是一种空间光场信息精确再现的方法。本节定义空间信息熵及其数学表达式，并利用所定义的空间信息熵来解释基于波前再调制的基元图像视点分辨率均衡优化对提升 3D 影像显示质量的机理。在平面像素资源有限的情况下，这部分工作可以被用来改善 3D 显示的效果。

根据信息论，信息熵被用来表征信息的不确定性[①]。较低的信息熵意味着使用相同的解压缩编码算法，可以获得较高的解压缩保真度。3D 显示技术本质上就是对 3D 影像的压缩和解压缩过程。首先使用相机阵列对 3D 场景光场信息进行采集，然后编码压缩采集到的 3D 信息形成基元图像阵列，最后利用控光元件对平面显示器上加载的基元图像阵列进行光学解压缩以再现 3D 影像。

对于 3D 场景的再现，空间信息熵可以表征 3D 影像再现的保真度，而全息功能屏可以对再现的光场进行波前再调制用以提升 3D 显示的质量。因此，波前再调制对 3D 显示质量的影响可以由空间信息熵来衡量。基于标准的数学定义来量化数字化再现的 3D 影像的空间信息熵。假设 3D 显示系统的数字化再现单视点的信息熵为 H_i，i 表示的是单视点的序号，n 表示的是视点的数量，则其空间信息熵为

---

① COVER T M, THOMAS J A. Elements of information theory［M］. Hoboken：John Wiley & Sons，2005.

$$H_s = \sum_{i=1}^{n} H_i \qquad (5\text{-}2)$$

其中

$$H_i = -\sum_{k=0}^{255} P_k^i \log_2 P_k^i \qquad (5\text{-}3)$$

式中，P_k^i 为第 i 个视点所对应的采样视差图中灰度值为 k 的像素出现的概率，全部视点所对应的采样视差图组成了基元图像阵列。由式（5-2）和式（5-3）可得，改变基元图像像素编码排布可以改变空间信息熵。

对抑制串扰的高分辨率光场显示方法再现的 3D 影像进行仿真，在 0.152°第一个再现视点立体角范围内并处于最佳观看距离上，再现 3D 影像的第一个视点的 PSNR 值与第一个视点采样视差图的信息熵之间的关系如图 5-5a 所示。图 5-5b 为所再现的第一个视点视区内，第一个视点的采样视差图具有不同信息熵时所对应的 PSNR 值及其均值的曲线。根据图 5-5 的仿真结果可知，提升视点采样视差图的信息熵，利用全息功能屏可以提高再现视点的 PSNR 值。因为视点是集成光场的一部分，所以当提升全部视点的信息熵来增加空间信息熵时，通过全息功能屏波前再调制所再现的 3D 影像的显示质量将会被改善。在平面显示设备分辨率资源有限的情况下，可以通过基于波前再调制的分辨率均衡优化来提升空间信息熵以实现对于 3D 显示质量的提升。

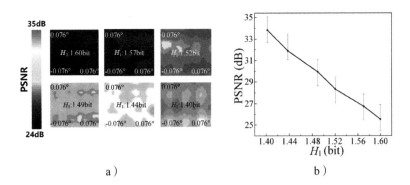

a）　　　　　　　　　　　　b）

图 5-5　3D 影像第一个再现视点的 PSNR 热度值与第一个视点采样视差
序列图的信息熵之间的关系（a）以及在再现第一个视点视区内，
采样视差图具有不同的信息熵所对应的 PSNR 曲线（b）

提升 3D 显示的空间信息熵可以通过对基元图像阵列的编码进行分辨率均衡优化来实现。在基元图像阵列编码生成的过程中，对基元图像中来自不同视点映射的像素进行水平方向和垂直方向的均衡。也就是说，在对视点视差序列图采样的过程中，在水平方向和垂直方向以特定像素间隔选取特定像素来合成基元图像阵列，可以使基元图像中来自同一个视点的像素在水平和垂直方向上具有均匀的分布，使采样视差序列图具有较小的信息熵，从而使 3D 信息具有较小的空间信息熵。

全息功能屏是光场信息的光学解压缩全息元件，其对以低空间信息熵数字化压缩后的原始光场进行解压缩，可以获得高 PSNR 值的再现 3D 影像。在以下实验中，通过对第一个视点进行低信息熵压缩，得到水平方向和垂直方向像素均衡优化的采样视点视差序列图，再利用全息功能屏进行波前再调制，从而获得光场显示效果，实验结果如图 5-6 所示。

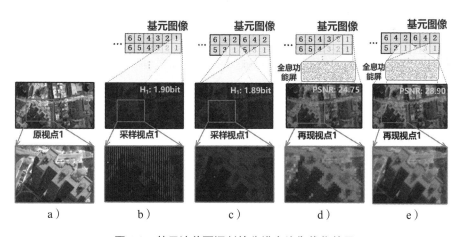

图5-6 基于波前再调制的分辨率均衡优化效果

图 5-6 是城镇的 3D 再现影像，其中图 5-6a 是原始视点 1；图 5-6b 是没有进行视点分辨率均衡优化和不使用全息功能屏的视点再现效果；图 5-6c 是进行视点分辨率均衡优化和不使用全息功能屏的视点再现效果；图

5-6d 是没有进行视点分辨率均衡优化和使用全息功能屏的视点再现效果；图 5-6e 是进行视点分辨率均衡优化和使用全息功能屏的视点再现效果。实验结果证明，基于波前再调制的分辨率均衡优化可以提升 3D 显示质量。在像素资源受限的情况下，可以利用这种方法来改善再现光场的显示效果。

第四节　实时入瞳光场再现方法

通过低冗余、高效的实时入瞳光场再现方法，可以实现再现 3D 影像分辨率与视角的分离，在保证 3D 影像高角分辨率和空间分辨率的同时，增大光场显示的视角，可以明显提升显示的空间信息量。首先基于人眼的实时空间位置，动态采集入瞳位置处的原始光场信息，然后利用基于反向光线追踪的高效编码算法再现视锥角范围内的光场信息，最终实现大视角的高分辨率光场显示效果。人眼的实时空间位置可由眼动仪精确捕获，当眼动仪频率足够高、实时入瞳光场再现足够快时，所显示的 3D 影像具有连续平滑的运动视差。

一、动态入瞳光场采集算法

为恢复 3D 场景的目标光场信息，需要记录光场的方向信息、颜色信息和强度信息。实时入瞳光场采集算法是针对实时的人眼瞳孔位置，采集入瞳处的光场信息，这样相比传统 3D 显示中孔径光阑位于光学元件处的情况，孔径光阑变为人眼瞳孔，实现了光场信息的高效、精准采集。

利用一个离轴虚拟相机阵列来实时数字化采集入瞳位置处的原始光场信息。离轴虚拟相机阵列由 6 个水平排列的相机组成，这些相机被分为两

组以特定相对位置分布，分别用来记录进入左眼和右眼的光场信息，如图
5-7 所示。

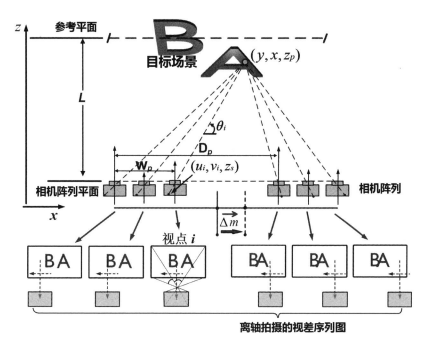

图 5-7　动态入瞳光场采集原理示意图

入瞳光场采集算法可以定量表示空间重构点与图像传感器阵列之间的
位置关系，从而进行针对人眼瞳孔位置处完整的光场信息采集。设（x,y,z）
表示 3D 场景中物体上任意一点的空间坐标信息，（u_i,v_i,z_i）（$z_s=0$）表示在
光场采集过程中与（x,y,z）对应的、在相机阵列中的第 i 个相机图像传感
器上的点。根据几何位置关系，静态入瞳光场采集算法可以由以下公式
表示。

$$\begin{bmatrix} u_i \\ v_i \end{bmatrix} = \begin{bmatrix} \dfrac{f}{2f-z_p} & 0 \\ 0 & -\dfrac{f}{z_p-f} \end{bmatrix} \begin{bmatrix} y \\ x \end{bmatrix} + \begin{bmatrix} \dfrac{f-z_p}{2f-z_p} & 0 \\ 0 & 0 \end{bmatrix} \begin{bmatrix} d_i \\ 1 \end{bmatrix} \qquad （5\text{-}4）$$

111

$$d_i = \begin{cases} d_1 + \dfrac{W_p}{2}(i-1), i=1,2,3 \\ d_1 + D_p + \dfrac{W_p}{2}(i-4), i=4,5,6 \end{cases} \quad (5\text{-}5)$$

式中，d_i 表示第 i 幅拍摄所得视差图与坐标原点 $O(x=0,y=0,z=0)$ 的水平距离，f 表示相机的成像距离，W_p 为人眼瞳孔直径，D_p 为人眼左右眼瞳距。如图 5-7 所示，3D 景物上的物点出射进入人眼的光线被相机抽样采集，记录到的方向信息可以表示为 $\theta_i=\arctan\left(\dfrac{f}{d_i-u_i}\right)$。

本章提出的光场显示方法需要对人眼实时位置进行光场的采集，把人眼瞳孔位置的实时偏移量代入式（5-4）和式（5-5）中，可得动态入瞳光场采集算法。人眼瞳孔的实时位置可以由眼动仪获得，并且系统的跟踪精度由在最佳观看距离上重构的微视点视区尺寸决定。假设 $\overrightarrow{\Delta m}=(m_x,0)$ 表示人眼瞳孔相对初始位置的实时水平偏移量，代入式（5-4）中，可得动态入瞳光场采集算法的数学表达式为

$$\begin{bmatrix} u_i \\ v_i \end{bmatrix} = \begin{bmatrix} \dfrac{f}{2f-z_p} & 0 \\ 0 & -\dfrac{f}{z_p-f} \end{bmatrix} \begin{bmatrix} y \\ x \end{bmatrix} + \begin{bmatrix} \dfrac{f-z_p}{2f-z_p} & 0 \\ 0 & 0 \end{bmatrix} \begin{bmatrix} d_i^I \\ 1 \end{bmatrix} + \begin{pmatrix} m_x & 0 \end{pmatrix}^{\mathrm{T}} \quad (5\text{-}6)$$

其中 d_i^I 表示当人眼位于初始位置时，第 i 幅视差图像和坐标原点 O 的水平距离，它可由式（5-4）计算获得。

二、基于反向光线追踪的编码算法

传统的光场显示方法会遇到再现 3D 影像深度反转的问题，导致形成错误的遮挡关系。本章所提出的基于反向光线追踪的编码算法可以高效、低冗余地合成基元图像阵列，同时基于反向光线追踪原理，可以克服再现 3D 影像深度反转的问题，以保证 3D 影像在水平方向上具有正确的遮挡关系。

如图 5-8 所示，基于反向光线追踪的编码算法决定了视差序列图中像素与基元图像阵列中像素之间的映射关系，视差序列图是由动态入瞳光场采集算法拍摄得到的。假设（s,t）为基元图像阵列中的任意一个像素，其映射到视差序列图的点为（u_i,v_i,z_s）。空间中，承载视点信息的微视区是在水平方向上周期分布的，携带特定光场方向信息、强度信息和颜色信息的微视区通过控光元件的控制落入观察者的左眼、右眼。人眼的瞳距大于视区的宽度，因此落入左眼和右眼的微视区的间隔为若干个视区周期。为重建以上视区分布，在图像映射过程中，相机阵列中的相机是以水平轴为 $W_p/2$ 的水平间隔均匀排列的，设（k,m）表示平面显示器上第 k 行、第 m 列像素，g 为微针孔单元阵列和液晶面板的距离，则编码映射的数学表达式为

$$
\begin{bmatrix} s \\ t \end{bmatrix} = \begin{bmatrix} -\dfrac{g+D_s}{f} & 0 \\ 0 & -1 \end{bmatrix} \begin{bmatrix} u_i \\ v_i \end{bmatrix} + \begin{bmatrix} \dfrac{g+D_s}{f} & 0 \\ 0 & P \times R_v \end{bmatrix} \begin{bmatrix} d_i \\ 1 \end{bmatrix} + \begin{bmatrix} (m-1)\bmod 2 & 0 \\ 0 & 0 \end{bmatrix} \begin{bmatrix} b \\ 1 \end{bmatrix}
$$

（5-7）

其中

$$
\begin{cases}
k = \mathrm{floor}\left[\dfrac{s}{P}\right] + k_0 \\[2mm]
m = \mathrm{floor}\left[\dfrac{t}{P}\right] + m_0
\end{cases}
$$

（5-8）

式中，D_s 为微针孔单元阵列和相机阵列图像传感器之间的距离，b 为微针孔单元中针孔之间的水平间距，R_v 为基元图像阵列的垂直分辨率（k_0,m_0）为空间坐标系原点 O（$x=0,y=0,z=0$）的像素行、列索引值。

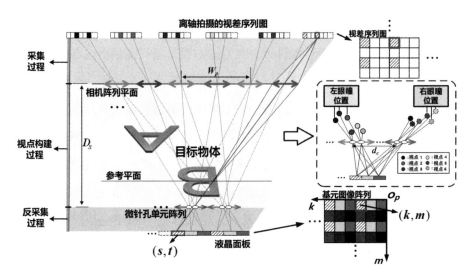

图 5-8　基于反向光线追踪的编码算法映射关系示意图

三、实时入瞳光场再现原理

基于瞳孔的位置对光场进行实时采集与重建，可以再现具有正确几何遮挡关系和平滑运动视差的 3D 影像，实现大视角、高分辨率的 3D 显示效果。光场的实时采集与重建归功于动态入瞳光场采集算法和反向光线跟踪编码算法的高效性和简洁性。在视角范围内，原始 3D 光场的不同部分在相应的角度被实时采集，利用动态入瞳光场采集算法生成一系列视差序列图，再通过基于反向光线跟踪的编码算法渲染不同的基元图像阵列以高帧率加载到液晶面板上，这样可以为观察者的左眼、右眼提供相对应的光场信息，在大视角显示的基础上实现平滑、正确的运动视差。同时，由于单眼可在最佳观看位置处同时观察到 3 个视点，使得单眼调节距离与双眼辐辏距离一致，因此解决了辐辏与调节矛盾的问题。实时入瞳光场再现原理如图 5-9 所示。

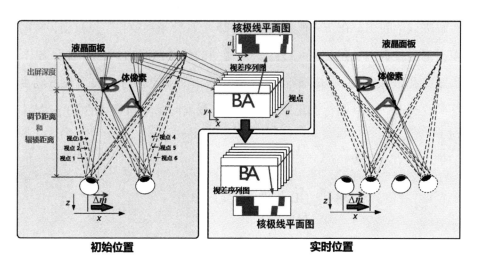

图5-9 实时入瞳光场再现原理

第五节 瞳孔跟踪算法

在搭建抑制串扰的高分辨率光场显示系统的过程中，利用高精度、低延迟的瞳孔跟踪算法捕获观察者双眼的实时位置，图5-10为瞳孔跟踪算法的流程图。首先，利用UHD（Ultra High Definition，超高清）相机拍摄并获得人脸的RGB图像，然后基于Adaboost算法对面部进行识别，并利用单目视觉算法实时获取观察者面部的深度位置，从而获得人面部的空间位置。这部分作为人眼瞳孔的粗定位来快速响应人面部的位置变化。接着，利用红外相机实时拍摄并获得人面部3幅不同侧面视角的红外视差序列图，并基于Adaboost算法对人眼瞳孔进行识别，再利用立体视觉算法获得人眼瞳孔的精确深度位置。这部分作为人眼瞳孔的精确定位来提升算法对眼瞳定位的精确度。通过对人眼瞳孔的粗定位和精确定位，可以获得实时、连续的人眼瞳孔位置坐标。然而，定位的固有误差将影响定位的精度，导致在视角内的3D影像出现断裂感，破坏运动视差的连续性。为了解决这个问题，在 70° 视角内规划 125 个视窗来离散化定位数据，实时获得的定位数据被量化到 125 个水平排列的位置区间内。在原型系统中，人眼瞳孔跟踪实现了 9ms 的低延迟和 90% 的跟踪识别率，并且跟踪精度达到 0.5mm，这些指标满足原型系统对光场实时采集与重建的 40fps 帧率要求。

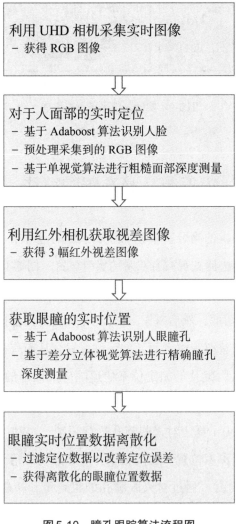

图 5-10　瞳孔跟踪算法流程图

第六节　实验结果与分析

抑制串扰的高分辨率光场显示原型系统如图 5-11 所示，其由垂直方向准直背光光源、像素分辨率为 3840×2160 像素的 15.6 英寸液晶面板、全息功能屏、微针孔单元阵列和眼动仪组成，其主要参数如表 5-1 所示。该原型系统的视角为 70°，构建视点数目为 750 个，视点密度为 0.75mm^{-1}，角分辨率可达 39.2 视点 / 度，并且实现了 1280×1080 像素的 3D 影像空间分辨率和 1920×1080 像素的单眼分辨率。

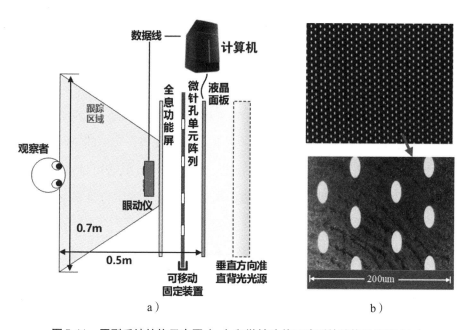

图 5-11　原型系统结构示意图（a）和微针孔单元阵列的结构显微图（b）

表5-1　抑制串扰的高分辨率光场显示原型系统的主要参数

参数		数值
微针孔单元阵列	材料	PET
	厚度	0.2mm
	微针孔宽度	0.020mm
	微针孔高度	0.034mm
垂直方向准直背光光源	水平方向发散角	90°
	垂直方向发散角	0.05°
全息功能屏	水平扩散角（ϕ_x）	0.028°
	垂直扩散角（ϕ_y）	125°
系统刷新率		40fps

　　高角分辨可有效解决传统裸眼 3D 显示遇到的辐辏与调节矛盾，提供单眼有效的调节激励，从而使调节距离和辐辏距离一致来消除辐辏与调节矛盾。为验证抑制串扰的高分辨率光场显示方法，可以提供有效的单眼调节激励，利用原型系统再现字母 A 和 B 的 3D 影像，进行 3D 显示效果的景深聚焦实验。再现字母 A 和 B 具有不同的离屏距离，它们的空间深度分布如图 5-12a 所示。通过参考放置在离液晶面板 0.1m 处的棋盘格校正板，相机的聚焦深度状态可以被明显地辨识出来。字母 A 和字母 B 的对焦结果如图 5-12b 所示，当相机聚焦在棋盘格的深度平面上时，拍摄到字母 A 清晰的像、字母 B 模糊的像；当相机聚焦在字母 B 的深度平面上时，拍摄到字母 B 清晰的像、字母 A 和棋盘格模糊的像。实验结果证明抑制串扰的高分辨率光场显示方法有效渲染出了清晰的 3D 影像景深，为观察者提供了有效的单眼调节激励。

图5-12　字母A和B的实验再现场景的位置分布（a）和相机处于
不同聚焦深度的拍摄效果（b）

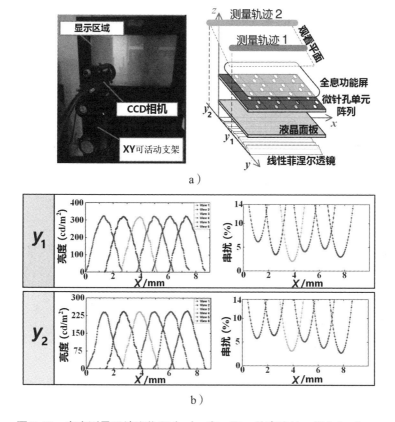

图5-13　亮度测量系统实物图（a），在y_1和y_2的高度处、纵向0—9mm
范围内测量得到的6个视点的亮度和串扰分布（b）

为测量视点串扰，搭建如图 5-13a 所示的亮度测量系统，测量分别位于两个水平高度上的视点亮度分布，这两个高度分别为高于显示器底部 91mm 的 y_1 水平高度和低于显示器底部 30mm 的 y_2 水平高度。亮度测量结果如图 5-13b 所示，6 个视点在 y_1 水平高度上的串扰分别为 6.11%、3.35%、2.03%、4.09%、4.69% 和 2.86%，在 y_2 水平高度上 6 个视点的串扰分别为 5.74%、6.10%、2.03%、3.02%、5.22% 和 2.50%。测试结果说明了高分辨率光场显示方法的串扰低于商用助视 3D 显示 7% 的视点串扰指标。

抑制串扰的高分辨率光场显示方法的重要应用包括医学分析和诊断、地面沙盘显示。利用该方法的原型系统分别显示人类心脏和胸骨、地形的 3D 影像数据，在 70° 视区内的左边界 35°、右边界 35° 和中间视角分别拍摄所显示的 3D 影像，显示效果如图 5-14 所示，我们可以清晰地观察到 3D 影像各部分的构造和相应的遮挡关系。

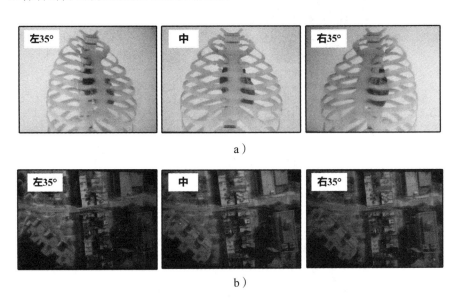

a）

b）

图5-14　人类心脏和胸骨的3D影像显示效果（a）和地形的3D影像显示效果（b）

高分辨率光场显示方法使用垂直方向准直背光光源，配合小节距微针孔单元阵列实现像素的高角分辨率水平化调制，克服了由于使用散射背光光源导致的杂散光串扰问题，明显抑制了视点串扰。与此同时，借助眼动仪并基于实时入瞳光场再现方法，根据人眼位置实现了实时再现相应角度光场的高动态显示，扩大视角的同时保证了高视点的角分辨率，克服了传统 3D 显示器遇到的辐辏与调节矛盾，在大视角内可提供清晰明确的立体深度线索。

抑制串扰的高分辨率光场显示原型系统实现了低于 7% 的视点串扰，达到了商用助视 3D 显示视点串扰的指标，并且实现了 70° 的视角、39.2 视点 / 度的角分辨率、1920×1080 像素的单眼分辨率与 1280×1080 像素的 3D 影像空间分辨率，呈现出了高质量的 3D 显示效果。

本章基于人眼跟踪设备，在保证高视点角分辨率的基础上扩大显示视角，实现了大空间信息量显示。然而，该方法只能满足单人观看，无法支持多人同时观看。同时，高动态的光场重建也需要低延迟、高刷新率的平面显示设备的支持，这将提高搭建显示系统的成本。

第七节　本章小结

本章所提出的抑制串扰的高分辨率光场显示方法可以在实现大视角显示的同时，再现具有高视点角分辨率、高空间分辨率与高单眼分辨率的 3D 影像。利用小节距的微针孔单元阵列实现高视点角分辨率，保证单眼可以同时观察到 3 个不同的视点。与传统高角分辨率裸眼 3D 显示相比，光场显示方法使用了垂直方向准直背光光源而非散射背光光源来配合精准控光元件抑制视点串扰，从而达到商用助视 3D 显示串扰率小于 7% 的指标。同时，基于实时入瞳光场再现方法，利用瞳孔跟踪算法驱动眼动仪来扩大光场显示的视角，极大提升了 3D 显示的角分辨率。

为了消除像差，保证 3D 显示质量，对准直背光光源中所用的非球面准直透镜组和非球面线性菲涅尔透镜进行联合优化。联合优化基于最小阻尼二乘法对光路进行反向优化，最终获得优化后的非球面透镜以及点光源的理想大小。此外，全息功能屏放置在小节距微针孔单元阵列前，对所构建的光场波前进行再调制，并基于光场空间信息熵理论，利用对基元图像阵列的编码对视点分辨率进行水平方向和垂直方向的均衡，进而对波前的再调制进行优化，提升 3D 显示质量。

本章为了验证光场显示方法，搭建了具有 70° 视角、39.2 视点 / 度的角分辨率和低于 7% 视点串扰的原型系统，实现了 1280×1080 像素的 3D 影像空间分辨率和 1920×1080 像素的单眼分辨率，并使用 3D 医学数据和地形 3D 数据，高质量呈现了人体心脏和胸骨、地形的 3D 影像。

第六章　基于时空复用透镜拼接的高分辨率、大视角集成成像方法

　　集成成像被广泛认为是一种具有商用前景的裸眼 3D 显示技术，使观察者不用借助任何穿戴设备就可以看到自然、逼真的 3D 效果。集成成像通过转化平面像素为具有特定方向角、强度和颜色信息的光线，对真实 3D 场景中物体表面各点发出的光线进行拟合[①]。这种数字化再现原始光场信息的 3D 显示技术，可为人眼视觉系统提供自然的深度信息，包括双目视差、运动视差、颜色暗示和空间遮挡。然而，由于平面像素资源有限，集成成像对原始光场的数字化拟合程度受限，导致再现的 3D 影像的空间分辨率低[②③④]。由于硬件资源有限引起的低空间分辨率问题在集成成像发展早期尤为明显。集成成像的另一个主要缺点是视角窄，这是由于基元图像的尺寸

① IVES H E. Optical properties of a lippmann lenticulated sheet [J]. Journal of the optical society of America，1931，21（3）：171-176.

② ARIMOTO H，JAVIDI B. Integral three-dimensional imaging with digital reconstruction [J]. Optics letters，2001，26（3）：157-159.

③ JIN F S，JANG J S，JAVIDI B. Effects of device resolution on three-dimensional integral imaging [J]. Optics letters，2004，29（12）：1345-1347.

④ KIM Y M，HONG K H，LEE B H. Recent researches based on integral imaging display method [J]. 3D research，2010，1（1）：17-27.

受到周期性控光元件尺寸的限制 [1][2]。

一直以来，集成成像的这两个问题是限制这项技术发展与应用的主要原因。近年来，国内外学者开展了大量的研究来提升空间分辨率 [3][4][5][6][7][8][9] 和增大视角 [10][11][12][13]。在提升集成成像空间分辨率的研究中，可利用基于点光

---

① JANG J S, JAVIDI B. Improvement of viewing angle in integral imaging by use of moving lenslet arrays with low fill factor [J]. Applied optics, 2003, 42 (11): 1996-2002.

② YU X B, SANG X Z, GAO X, et al. Large viewing angle three-dimensional display with smooth motion parallax and accurate depth cues [J]. Optics express, 2015, 23 (20): 25950-25958.

③ JANG J S, JAVIDI B. Improved viewing resolution of three-dimensional integral imaging by use of nonstationary micro-optics [J]. Optics letters, 2002, 27 (5): 324-326.

④ KISHK S, JAVIDI B. Improved resolution 3d object sensing and recognition using time multiplexed computational integral imaging [J]. Optics express, 2003, 11 (26): 3528-3541.

⑤ JANG J S, OH Y S, JAVIDI B. Spatiotemporally multiplexed integral imaging projector for large-scale high-resolution three-dimensional display [J]. Optics express, 2004, 12 (4): 557-563.

⑥ PARK J H, KIM J W, KIM Y H, et al. Resolution-enhanced three-dimension/two-dimension convertible display based on integral imaging [J]. Optics express, 2005, 13 (6): 1875-1884.

⑦ CHO S W, PARK J H, KIM Y H, et al. Convertible two-dimensional-three-dimensional display using an led array based on modified integral imaging [J]. Optics letters, 2006, 31 (19): 2852-2854.

⑧ KIM Y H, KIM J W, KANG J M, et al. Point light source integral imaging with improved resolution and viewing angle by the use of electrically movable pinhole array [J]. Optics express, 2007, 15 (26): 18253-18267.

⑨ WANG Z, WANG A T, MA X H, et al. Resolution-enhanced integral imaging display using a dense point light source array [J]. Optics communications, 2017, 403: 110-114.

⑩ LEE B, JUNG S Y, PARK J H. Viewing-angle-enhanced integral imaging by lens switching [J]. Optics letters, 2002, 27 (10): 818-820.

⑪ KIM Y H, PARK J H, MIN S W, et al. Wide-viewing-angle integral three-dimensional imaging system by curving a screen and a lens array [J]. Applied optics, 2005, 44 (4): 546-552.

⑫ XIE W, WANG Y Z, DENG H, et al. Viewing angle-enhanced integral imaging system using three lens arrays [J]. Chinese optics letters, 2014, 12 (1): 11101.

⑬ SANG X Z, GAO X, YU X B, et al. Interactive floating full-parallax digital three-dimensional light-field display based on wavefront recomposing [J]. Optics express, 2018, 26 (7): 8883-8889.

源阵列的集成成像方法有效提升空间分辨率，其基本原理是通过改造集成成像背光来有效提升点光源阵列中点光源的密度，从而实现空间分辨率的提升，同时也可以增大显示视角[①]。本章提出的基于时空复用透镜拼接的集成成像方法就是在基于点光源阵列的集成成像方法基础上进行研究的。

第一节　基于时空复用透镜拼接的集成成像系统设计

集成成像方法是利用点光源阵列方法实现的，与传统的基于点光源阵列的集成成像类似，该方法形成的点光源阵列位于 LCD 面板前方，从点光源阵列出射的光线已经被液晶面板调制携带了颜色信息和强度信息，同时具有特定的方向角。这些光线在空间中会聚集成可被人眼观察到的 3D 影像。与传统的基于点光源阵列的集成成像不同的是，本章设计了方向性时间序列背光光源来实现透镜的时空复用拼接，在增大透镜阵列节距的同时，增加了点光源阵列中点光源的密度，实现了大视角和高空间分辨率的 3D 显示效果。

基于时空复用透镜拼接的集成成像系统由方向性时间序列背光光源、复合透镜阵列、液晶面板、全息功能屏和计算机组成，如图 6-1 所示。其中，方向性时间序列背光光源由一个 4×4 的 LED 阵列和一个复合圆形菲涅尔透镜组成。该背光光源以时分多路复用的方式产生 16 束平行光束。这些光束具有不同的方向角，通过复合透镜阵列后可在液晶面板后方形成密集的、具有大扩散角的点光源阵列。16 束平行光束按时间顺序交替产生，如图 6-1 中所示的平行光束在不同时刻被产生。

① KIM Y H, KIM J W, KANG J M, et al. Point light source integral imaging with improved resolution and viewing angle by the use of electrically movable pinhole array [J]. Optics express, 2007, 15 (26): 18253-18267.

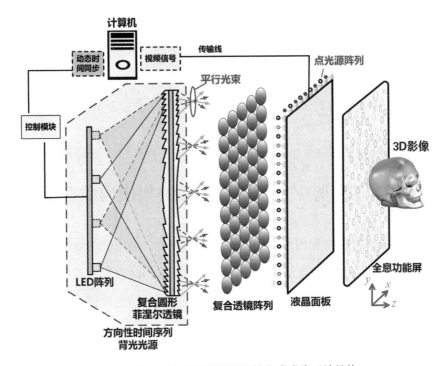

图6-1 基于时空复用透镜拼接的集成成像系统结构

与传统的集成成像系统类似，使用液晶面板加载基元图像阵列来调制光线，使其具有特定的颜色和强度信息。与传统集成成像不同的是，本章提出的方法实现了刷新加载基元图像阵列与产生特定方向角的平行背光光束的同步，以构建相应视差分布的视点来集成具有增强分辨率和正确几何遮挡的 3D 影像。时间同步信号由计算机搭建的动态时间同步器产生，对基元图像阵列的刷新与相对应背光光束的形成同步。在原型系统中，使用经过像差优化的复合透镜阵列来抑制点光源阵列的成像像差，确保高质量的 3D 显示效果。全息功能屏的作用是对光场波前进行再调制，消除点光源阵列所形成的视野盲区。

需要指出的是，基于时空复用透镜拼接的集成成像系统的刷新率由使用的液晶面板决定，理论上液晶面板的刷新率越高，3D 影像分辨率的提升程度就越大。然而，在目前的技术水平下，液晶显示技术带宽不足，导致液晶面板的刷新率有限。此外，系统的高刷新率需要使用响应足够快的液晶面板，用来消除以时间顺序交替加载在液晶面板上的基元图像阵列子帧之间的串扰。然而，响应不够快也是目前液晶显示技术所遇到的瓶颈问题。另外，液晶面板的高刷新率和快速响应需要精确的时间同步控制器和复杂的驱动电路的支持，这些要求将导致显示系统成本的明显增加。因此，在进行时分复用透镜拼接时，应仔细权衡系统的刷新率，在满足 3D 显示高质量的同时，使系统的搭建具有可行性。

第二节　时分复用透镜拼接原理

集成成像的视角 θ 与所使用透镜阵列的节距有关，其数学表达式为

$$\theta = 2\arctan(\frac{P_A}{2f}) \tag{6-1}$$

其中，P_A 为透镜阵列的节距，f 为透镜阵列中透镜的焦距。从式（6-1）可以看出，增大透镜节距可以明显增大视角。在本章所提方法的原型系统中，方向性时间序列背光光源以时分复用的方式扩大透镜阵列的节距。通过对方向性时间序列背光光源和透镜阵列的光学参数进行设计，使透镜阵列中相邻透镜出射的光线汇聚在同一个点光源上。也就是说，从背光出射的平行光束通过相邻透镜的折射后，进行了光束的无缝拼接并在相同的点光源处汇聚，从而实现对透镜阵列节距的数倍扩大。根据式（6-1）可知，对透镜的拼接可明显提升集成成像视角。同时，利用方向性时间序列背光光源，以时空复用的方式在透镜阵列前方，可以获得数目为透镜数目若干倍的点光源，从而使得构建 3D 影像的空间分辨率成倍增加。

在基于时空复用透镜拼接的集成成像原型系统中，方向性时间序列背光光源由一个 4×4 的 LED 阵列和一个复合圆形菲涅尔透镜组成，其中复

合圆形菲涅尔透镜由两片非球面面形的圆形菲涅尔透镜组成。方向性时间序列背光光源以时间顺序周期性地产生 16 束具有不同方向角的平行光束。复合圆形菲涅尔透镜通过光学优化设计来抑制像差。另外，为了抑制从背光光源中发出的杂散光，在复合圆形菲涅尔透镜的制造过程中，两个锯齿面都覆盖黑色涂料。4×4 的 LED 阵列中每特定 4 个 LED 灯珠为一组被同时点亮或熄灭，称每组 LED 灯珠为一个 LED 单元。

下面用图 6-2 所示的简化原型系统光路侧视示意图来说明时分复用透镜拼接的原理。如图 6-2 所示，用深色和浅色来表示 LED 单元 2 中不同的 LED 灯珠。当它们同时点亮时，可以产生两束具有不同方向角的平行光束。这两束平行光束同时照射到复合透镜阵列上被折射汇聚形成点光源，通过设置合适的系统参数，穿过纵向相邻透镜的折射光束可以在同一个点光源处汇聚。这两束具有不同方向角的平行光束经过折射后拼接到了一起，也就是透镜阵列的节距变为原来的 2 倍，使得点光源的发散角明显增大。

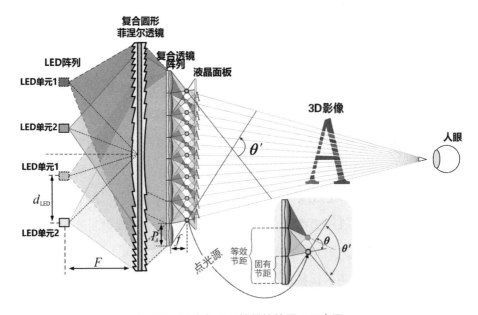

图6-2　时空复用透镜拼接的原理示意图

根据式（6-1）可知，这种等效拼接透镜的方法实现了 3D 影像视角的显著增加。如图 6-2 所示，透镜阵列固有节距所形成的视角表示为 θ，基于时分复用透镜拼接方法扩大透镜阵列节距后具有的等小节距所形成的视角表示为 θ'。可以看出，使用时分复用透镜拼接方法后视角显著增大了。此外，在周期性时间同步信号的控制下，LED 单元被有序地点亮和点灭，在复合透镜阵列前方的预定位置处以时空复用的方式周期性地产生均匀排列的密集点光源。用不同颜色标记的点光源在复合透镜阵列前以足够高的频率周期性交替出现，它们的数量是透镜阵列中透镜数目的 4 倍，因此 3D 影像的空间分辨率提升为传统方法的 4 倍，3D 显示精细度得到显著提升。

为了得到均匀分布的密集点光源，应该准确地计算方向性时间序列背光光源和复合透镜阵列的参数。其中所涉及的参数为透镜阵列的固有节距 P_A、透镜阵列的焦距 f、背光光源中复合圆形菲涅尔透镜的焦距 F 以及 LED 阵列中所使用 LED 灯珠间的距离 d_{LED}。根据几何关系，以上参数之间的数学表达式为

$$\frac{P_A}{f} = \frac{d_{\mathrm{LED}}}{F} \tag{6-2}$$

利用方向性时间序列背光光源和复合透镜阵列获得的视角 θ' 用数学公式可表示为

$$\theta' = 2\arctan(\frac{P_A}{f}) \tag{6-3}$$

因为在液晶面板后方的点光源之间有距离，会导致观看 3D 影像时在个别观看位置出现视野盲区，并且随着观看距离的缩短，视野盲区的范围会扩大。使用放置在液晶面板前方的全息功能屏可消除视野盲区，如图 6-3a 所示。利用全息功能屏的波前重构功能对 3D 影像的波前进行再调制，还原出视野盲区位置处的光场信息。因为点光源阵列发出的光线的水平方

向角和垂直方向角是对称的，所以全息功能屏具有各向同性的扩散角。假设全息功能屏的扩散角为ϕ，全息功能屏和点光源阵列的距离为d_H，则扩散角的数学表达式如式（6-4）所示。图6-3b展示了没有使用全息功能屏和使用了全息功能屏后3D影像的效果对比。

$$\phi = \arctan\left[\frac{4d_H \tan(\theta'/2) + P_A}{4d_H}\right] - \frac{\theta'}{2} \tag{6-4}$$

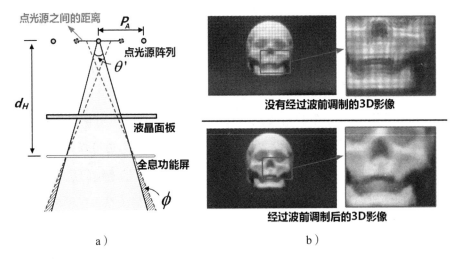

图6-3　全息功能屏消除视野盲区原理（a）和波前调制前后的3D影像对比（b）

　　为实现透镜的时分复用拼接，动态时间同步控制器用于同步背光光源中LED单元的点亮时刻和对应基元图像阵列加载在液晶面板上的时刻。在原型系统中，所设计的LED阵列的灯珠排布和控制这些LED灯珠的时序图如图6-4所示。在一个完整的时间序列周期内，当相应的基元图像阵列加载到液晶面板后，动态时间同步控制器控制LED单元的点亮时间持续5ms。系统要求液晶面板的响应时间为1ms，并且帧率达到144fps。

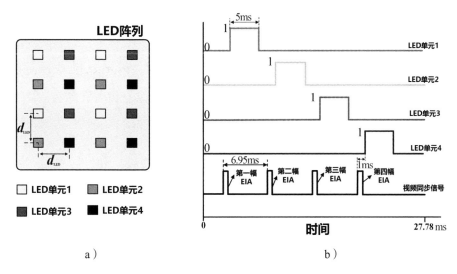

图6-4　LED阵列的排布示意图（a）和原型系统的控制时序图（b）

第三节　大口径透镜优化设计

当透镜的口径增大时，透镜的视场角相应增加，处于视场角边缘的光线具有很大的像差。考虑到集成成像方法使用大口径圆形菲涅尔透镜和大节距的透镜阵列，会面临严重像差的影响，本节通过对系统中这两个控光元件进行光学优化设计来抑制像差，目的是产生分布均匀、尺寸足够小的点光源，保证 3D 影像的高质量显示。经过光学优化设计后的复合圆形菲涅尔透镜和复合透镜阵列可以在空间中预先设计的位置上产生密集、均匀的点光源。所设计的复合圆形菲涅尔透镜和复合透镜是非球面双面形光学结构，两个单元透镜具有不同的折射率，对抑制像差的面形进行快速、准确的计算收敛，以获得满足需求的像差抑制效果。在设计复合圆形菲涅尔透镜和复合透镜的过程中，基于式（6-5）所示的非球面面形公式，把这两个光学元件看作一个整体进行联合的像差抑制优化设计。

$$z = \frac{cr^2}{1+\sqrt{1-(1+k)c^2r^2}} + \alpha_2 r^2 + \alpha_4 r^4 + \alpha_6 r^6 + \cdots \tag{6-5}$$

其中，c 为顶点曲率，r 为径向坐标，k 为圆锥系数，$\alpha_2, \alpha_4, \alpha_6$ 为非球面系数。本方法使用阻尼最小二乘法来优化透镜的初级像差和高阶像差，最终优化得到的复合圆形菲涅尔透镜和复合透镜的结构如图 6-5 所示。

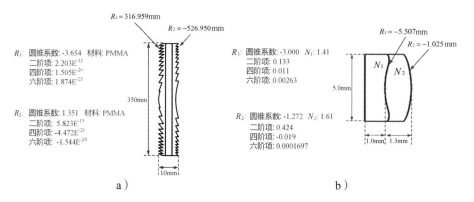

a）   b）

图6-5 复合圆形菲涅尔透镜结构（a）和复合透镜结构（b）

光学元件的成像弥散斑是衡量光学像差大小的手段之一，本章用其来验证光学优化工作的有效性。使用优化后的透镜组和没有优化的标准透镜组形成的点光源阵列的成像弥散斑仿真结果如图 6-6 所示。仿真结果表明，使用优化后的组合透镜获得的点光源阵列在 5.625mm 的成像高度上获得的最大弥散斑均方根半径为 62.058μm，而没有优化的标准透镜的最大弥散斑均方根半径为 657.328μm。由此可以得出，通过对复合透镜阵列和复合圆形菲涅尔透镜进行光学优化，可以对像差进行有效抑制。

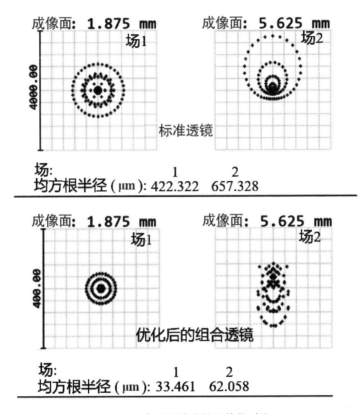

图6-6 点光源的弥散斑优化对比

第四节 时空复用光场再现编码算法

时空复用光场再现编码算法基于反向光线追迹技术，实现不同时刻加载在液晶面板上的基元图像阵列像素和视差序列图像像素之间的编码映射，具有实时、高效渲染基元图像阵列的能力。时空复用光场再现编码算法所确定的正确映射关系保证了再现的3D影像具有正确的遮挡关系。同时，高效、简洁的像素一对一映射，实现了在液晶面板上实时渲染基元图像阵列，保证了时空复用透镜拼接的可行性。在光场采集阶段，相机阵列中相机的间距 d_c 和视场角 fov 由相机阵列和液晶面板的距离 L、点光源阵列中

点光源的横向数目 n、液晶面板的像素尺寸 P、液晶面板与透镜阵列的距离 g_P 以及透镜阵列的节距 P_A 确定，它们可以表示为

$$\text{fov} = 2\arctan\frac{P_A(n-1)}{4(L+g_P)} \tag{6-6}$$

$$d_c = \frac{P}{g}(L+g_P) \tag{6-7}$$

为了便于说明时空复用光场再现编码算法的原理，下面对基于时空复用透镜拼接的集成成像显示系统进行简化，如图 6-7 所示。以 (x_t, y_t) 表示在某一时刻 t 所渲染的基元图像阵列中任意一个像素的坐标，以 (x_p^l, y_p^l) 表示点光源阵列中第 k 列、第 l 行的点光源，以 (u, v) 表示点 (x_t, y_t) 所映射的视差图中的像素坐标，这幅视差图是由在相机阵列中的第 i 列、第 j 行相机所拍摄得到的。时空复用光场再现编码算法的数学表达式如下

$$\begin{bmatrix} x_t \\ y_t \end{bmatrix} = \frac{g_P}{f_c}\begin{bmatrix} 1 & 0 \\ 0 & 1 \end{bmatrix}\begin{bmatrix} u \\ v \end{bmatrix} - \frac{g_P}{f_c}\begin{bmatrix} u_c^i \\ v_c^j \end{bmatrix} + \begin{bmatrix} x_P^k \\ y_P^l \end{bmatrix} \tag{6-8}$$

$$\begin{bmatrix} u_c^i \\ v_c^j \end{bmatrix} = d_c\begin{bmatrix} i-1 \\ j-1 \end{bmatrix} + \begin{bmatrix} u_c^i \\ v_c^i \end{bmatrix} \tag{6-9}$$

$$\begin{bmatrix} x_P^k \\ y_P^l \end{bmatrix} = \frac{P_A}{2}\begin{bmatrix} -1 & 0 \\ 0 & -1 \end{bmatrix}\begin{bmatrix} \text{floor}(\dfrac{u-u_c^i}{W_{\text{CP}}}) \\ \text{floor}(\dfrac{v-v_c^j}{W_{\text{CP}}}) \end{bmatrix} + \frac{P_A}{2}\begin{bmatrix} r_h-2 \\ r_v-2 \end{bmatrix} + \begin{bmatrix} x_P^l \\ y_P^l \end{bmatrix} \tag{6-10}$$

其中 (u_c^i, v_c^j) 表示在相机阵列中的第 i 列、第 j 行相机所拍摄的视差图中第一个像素的坐标，W_{CP} 为所拍摄视差图中像素的尺寸，$r_h \times r_v$ 为单幅视差图的分辨率，f_c 为相机的成像距离。假设 (m,n) 表示基元图像阵列中第 m 列、第 n 行的像素，(m_0, n_0) 表示坐标轴原点的像素坐标，则有如下数学关系

$$
\begin{bmatrix} m \\ n \end{bmatrix} = \begin{bmatrix} \mathrm{floor}(\dfrac{x_t}{P}) \\ \mathrm{floor}(\dfrac{y_t}{P}) \end{bmatrix} + \begin{bmatrix} m_0 \\ n_0 \end{bmatrix} \qquad （6\text{-}11）
$$

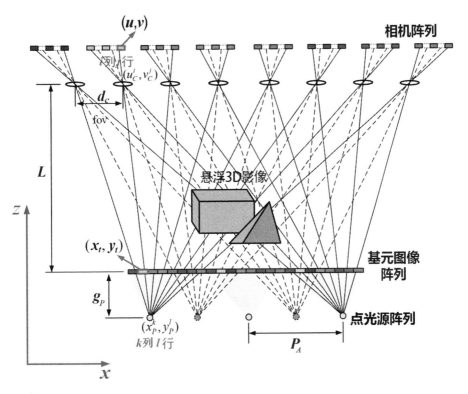

图6-7　时空复用光场再现编码算法原理图

第五节　实验结果与分析

　　本节搭建如图 6-8 所示的原型系统来验证基于时空复用透镜拼接的集成成像方法的可行性。原型系统由 15.6 英寸 TN 液晶面板、复合透镜阵列、复合圆形菲涅尔透镜、4×4 LED 阵列、全息功能屏和计算机组成，表6-1 列出了主要的系统参数配置。原型系统再现的 3D 影像具有 84×84 个视点，实现了 50° 的视角并具有 20cm 的最大出屏深度。

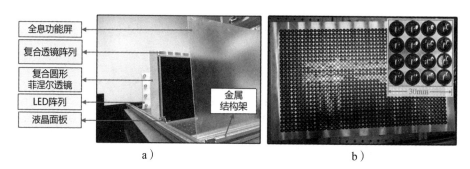

a）　　　　　　　　　　　　　　　　b）

图6-8　基于时空复用透镜拼接的集成成像原型系统（a）和复合透镜阵列（b）

表6-1　基于时空复用透镜拼接的集成成像原型系统的主要参数

参数		数值
复合透镜阵列	透镜口径	5mm
	节距（P_A）	7.5mm
	焦距（f）	16.08mm
方向性时间序列背光光源	复合圆形菲涅尔透镜口径	350mm
	复合圆形菲涅尔透镜口径焦距（F）	190mm
	LED 阵列中灯珠之间的距离（d_{LED}）	88.62mm
全息功能屏	扩散角（ϕ）	0.439°
	全息功能屏和点光源阵列之间的距离（d_H）	200mm
液晶面板	分辨率	3840×2160 像素
	刷新率	144Hz
	响应时间	1ms
	尺寸	15.6 英寸

对方向性时间序列背光光源和复合透镜阵列进行光学优化设计来抑制像差，可明显改善点光源阵列的成像畸变。对使用标准透镜与使用优化后的透镜的光路形成的点光源阵列进行对比实验，以验证优化后的透镜是否可以明显改善点光源阵列的成像质量。选取点光源阵列所发出的光线照亮

区域左上角子区域作为研究对象，测量该子区域内光斑的网格畸变图以评价点光源阵列的成像畸变。实验结果如图 6-9 所示，使用标准透镜形成的点光源阵列的畸变率为 5.80%，而使用优化后的透镜形成的点光源阵列畸变率为 0.23%。由此可验证优化像差后的系统可以明显抑制像差，使点光源阵列高质量成像，从而保证高质量的 3D 显示效果。

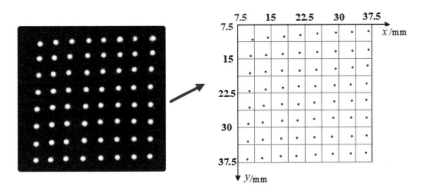

使用标准透镜产生的点光源阵列的照射区域

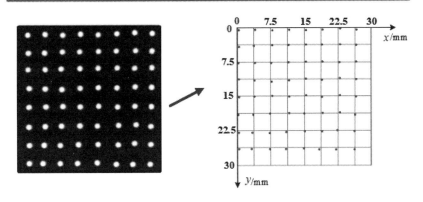

使用优化后的透镜产生的点光源阵列的照射区域

图6-9　标准透镜光路和优化后的透镜光路形成的点光源阵列畸变对比

本章所提出的基于时空复用透镜拼接的高分辨率、大视角集成成像方法可以作为 3D 医学数据理想的显示终端，用于医学诊断和病因分析。实验使用人类头骨 3D 数据作为内容，验证本章所提方法对比传统的基于点光源阵列的集成成像具有分辨率成倍提升的优势。在进行实验的过程中，原型系统不使用全息功能屏，用没有进行波前再调制的光场显示效果与传统的基于点光源阵列的集成成像效果进行对比，对比效果示意图如图6-10所示。由实验结果可以得出，所提方法的空间分辨率为传统的基于点光源阵列的集成成像空间分辨率的4倍，极大提升了3D显示的精细度。

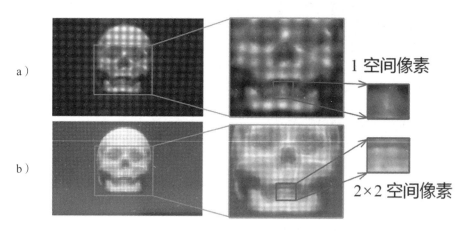

图6-10　传统的基于点光源阵列的集成成像显示效果（a）和基于时空
复用透镜拼接的集成成像显示效果（b）

本章搭建的基于时分复用透镜拼接的集成成像原型系统的视角为50°，使用相机从上、下、左、右4个视区临界边缘拍摄3D影像，效果如图6-11所示。地形3D数据可视化是高空间分辨率集成成像的重要应用，相较于传统的平面显示器可以极大提升地理位置信息获取的效率。图6-12是从上、下、左、右4个视区临界边缘拍摄使用3D地形数据重建的3D影像效果图。可以看出，地形中各部分可以被清晰地辨识到并且具有正确的遮挡关系。当相机聚焦白色建筑物时，周围不同高度的楼宇变得模糊，这说明重建的光场具有大的展示景深，可以为人眼提供自然的深度线索激励。

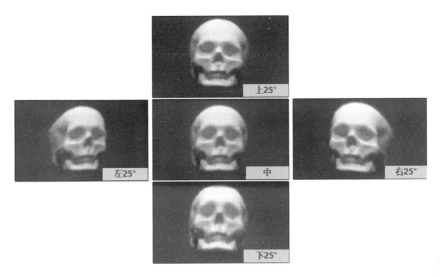

图6-11　再现的人头骨3D影像

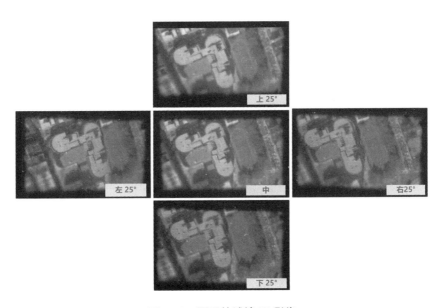

图6-12　再现的城镇3D影像

对比传统的集成成像方法，本章对系统中的光学控光元件进行了抑制像差的光学优化设计，基于最小阻尼二乘法对方向性时间序列背光光源和组合透镜阵列进行联合光学优化，最终确定透镜的面形参数和折射率。此外，针对基于点光源阵列的集成成像的视野盲区问题，使用全息功能屏对从液晶面板出射的光线进行波前再调制，近似恢复视野盲区的光场波前信息，实现对视野盲区的消除，提升了 3D 影像的观看效果。

根据本章所提方法的原理，通过时空复用的方式增加点光源的数量来提升 3D 影像的空间分辨率，会受到系统刷新率的限制。系统刷新率由背光光源中 LED 阵列的刷新率和液晶面板的刷新率决定。现阶段，LED 灯珠的刷新率可达每秒上千帧，但是液晶面板的刷新率受液晶显示技术带宽的限制，只能达到每秒一百多帧，因此系统的刷新率取决于液晶面板的帧率。在原型系统搭建中，使用刷新率为 144Hz 的 4K 液晶面板，原型系统的刷新率为 144Hz，3D 影像的刷新率为 36Hz。36Hz 的 3D 影像刷新率满足了人眼的视觉暂留效应，可避免 3D 影像由于刷新率不足而产生的闪烁现象。

综上，本章提出的集成成像方法需要有高刷新率、低响应时间、高带宽液晶面板的支持。与此同时，低响应时间和高带宽指标的液晶面板需要高精度的时间同步控制器和复杂的驱动电路支持，这会增加系统的成本。

第六节　本章小结

本章所提出的基于时空复用透镜拼接的高分辨率、大视角集成成像方法针对传统集成成像空间分辨率低、视角窄的固有问题，实现了空间分辨率与视角的同步提升。为了增加视角，使用方向性时间序列背光光源，实现了透镜阵列中相邻透镜的拼接，从而使透镜阵列的有效节距变为固有节距的若干倍。节距的增大可以配合编码增大基元图像的有效显示尺寸，最终实现视角的增大。为增大空间分辨率，背光光源以时间顺序依次交替，产生多束具有不同方向角的平行光束。这些光束通过透镜阵列汇聚，以时空复用的方式形成密集的点光源。点光源的数量为透镜阵列中透镜的数倍，从而明显提升了 3D 影像的空间分辨率。为了保证点光源阵列的成像质量，对系统中控光光学元件进行联合光学优化以抑制像差，使原型系统的点光源阵列成像畸变率从 5.80% 下降到 0.23%。为使再现的 3D 影像具有正确的遮挡关系，基于光线反向追迹原理提出时空复用光场再现编码算法，用于高效实时渲染基元图像阵列。针对视区内出现的视野盲区的问题，使用全息功能屏对再现的光场进行波前调制，从而恢复视野盲区处的光场信息，有效消除了视野盲区。

本章提出的集成成像显示方法的原型系统可以实现 50° 的大观看视角以及 4 倍于传统集成成像空间分辨率的 3D 显示效果。实际上，本章提出的视角增大和空间分辨率提升的方法对于使用周期性排列的折射光学控光组件所实现的光场显示具有普适性。

第七章 基于校准卷积神经网络的裸眼3D 显示外部串扰抑制方法

　　裸眼 3D 显示实现的本质为对场景中的每个空间点的光线进行强度和方向信息的采集和重构，因此裸眼 3D 显示可以呈现生动的 3D 影像 [1][2][3][4][5][6][7]。然而，在实现裸眼 3D 显示的时候，对光线进行重构的过程中

① UREY H, CHELLAPPAN K V, ERDEN E, et al. State of the art in stereoscopic and autostereoscopic displays [J]. Proceeding of the IEEE, 2011, 99 (4): 540-555.

② YU X B, SANG X Z, CHEN D, et al. 3D display with uniform resolution and low crosstalk based on two parallax interleaved barriers [J]. Chinese optics letters, 2014, 12 (12): 39-42.

③ LV G J, WANG Q H, WANG J, et al. Multi-view 3d display with high brightness based on a parallax barrier [J]. Chinese optics letters, 2013, 11 (12): 30-32.

④ LAMBOOIJ M, HINNEN K, VAREKAMP C. Emulating autostereoscopic lenticular designs [J]. Journal of display technology, 2012, 8 (5): 283-290.

⑤ LI X F, WANG Q H, TAO Y H, et al. Crosstalk reduction in multi-view autostereoscopic three-dimensional display based on lenticular sheet [J]. Chinese optics letters, 2011, 9 (2): 31-33.

⑥ YU X B, SANG X Z, CHEN D, et al. Autostereoscopic three-dimensional display with high dense views and the narrow structure pitch [J]. Chinese optics letters, 2014, 12 (6): 34-37.

⑦ ZHAO T Q, SANG X Z, YU X B, et al. High dense views auto-stereoscopic three-dimensional display based on frontal projection with lla and diffused screen [J]. Chinese optics letters, 2015, 13 (1): 50-52.

会有误差，进而导致 3D 影像具有较大串扰[①]。

裸眼 3D 显示中的串扰可分为两种，分别是外部串扰和固有串扰[②]。外部串扰出现的原因为受外部因素影响而出现的光线重构误差，这些外部因素包括裸眼 3D 显示系统的装配偏差、系统中各部分元件的制作误差。固有串扰产生的原因是裸眼 3D 显示系统中光学元件具有像差，以及控光元件和平面显示器间的像素结构有光线泄漏。串扰会恶化 3D 显示质量，限制显示视角、减弱显示景深并会降低显示清晰度。因此，可以说串扰的存在是裸眼 3D 显示所面临的主要问题之一，也是裸眼 3D 显示在市场中应用受限的主要原因之一。

本章首先介绍目前抑制裸眼 3D 显示串扰的方法，然后提出基于深度学习的外部串扰抑制方法，搭建卷积神经网络实现基于显示结果反馈的外部串扰抑制机制，最后通过仿真与实验证明本章所提方法对裸眼 3D 显示外部串扰进行抑制的效果。

第一节　串扰抑制的研究现状分析

为了实现低串扰的裸眼 3D 显示，国内外学者开展了大量针对抑制串扰的研究。这些研究成果可分为以下五类。

① LI L，YANG L. Extrinsic crosstalk suppression based on a calibration convolutional neural network for glasses-free 3d display [J]. Optics communications，2022，521：128355.
② ZHOU M C，WANG H T，LI W M，et al. A unified method for crosstalk reduction in multiview displays [J]. Journal of display technology，2014，10（6）：500-507.

1. 基于控光结构设计的串扰抑制方法

韩国延世大学的研究团队提出了一种具有 V 字形结构的新型狭缝光栅，实验证明 V 字形结构的狭缝光栅相比传统的狭缝光栅，可使串扰降低 49.73%[1]，如图 7-1 所示。韩国科学技术院的研究团队设计了狭缝和柱透镜混合式光栅的控光结构，提升了视点光线重构的精确度，在降低 53% 串扰的同时使显示分辨率提升到原来的 5 倍[2]。中国福州大学的研究团队提出了一种优化狭缝光栅设计的方法，该方法以系统所用 LED 显示器中黑色条纹占用率为优化因素[3]。北京邮电大学的研究团队设计了微针孔单元阵列来实现具有水平视差的集成成像，该结构利用周期排列的微针孔进行遮挡孔光，在水平方向上具有精准控光能力，实验证明视点串扰低于 7%[4]。

① LEE C H，SEO G W，LEE J H，et al. Auto-stereoscopic 3d displays with reduced crosstalk [J]. Optics express，2011，19（24）：24762-24774.

② LEE K H，PARK Y S，LEE H，et al. Crosstalk reduction in auto-stereoscopic projection 3d display system [J]. Optics express，2012，20（8）：19757-19768.

③ ZENG X Y，ZHOU X T，GUO T L，et al. Crosstalk reduction in large-scale autostereoscopic 3d-led display based on black-stripe occupation ratio [J]. Optics communications，2017，389：159-164.

④ YANG L，SANG X Z，YU X B，et al. A crosstalk-suppressed dense multi-view light-field display based on real-time light-field pickup and reconstruction [J]. Optics express，2018，26（26）：34412-34427.

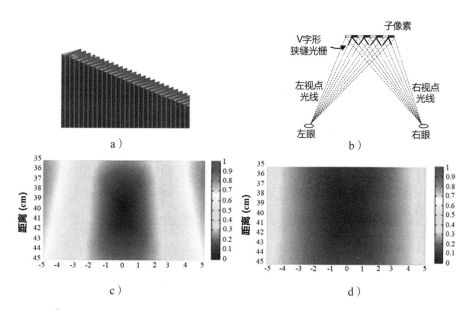

图7-1[①]　Ｖ字形狭缝光栅结构示意图（ａ）和Ｖ字形狭缝光栅控光原理示意图（ｂ），
当眼睛相对基于传统狭缝光栅（ｃ）和Ｖ字形狭缝光栅的3D显示器
水平或轴向移动时（ｄ），视点的串扰率分布示意图

2. 基于光学优化的串扰抑制方法

对透镜阵列进行光学优化是一种有效抑制固有串扰的思路。北京邮电大学的研究团队对三重复合型透镜阵列进行光学优化来实现高质量的360°桌面光场显示系统[②]。该系统可有效抑制固有串扰，其最大畸变率为2.42%。此外，该团队为了实现具有45°大视角、30cm大出屏深度的高性能光场显示系统，基于阻尼最小二乘法和视区全域像差平衡法对由两片透

①　LEE C H，SEO G W，LEE J H，et al. Auto-stereoscopic 3d displays with reduced crosstalk［J］. Optics express，2011，19（24）：24762-24774.

②　GAO X，SANG X Z，YU X B，et al. 360° light field 3d display system based on a triplet lensesarray and holographic functional screen［J］. Chinese optics letters，2017，15（12）：121201.

镜组成的复合透镜进行优化设计，使 3D 影像在视区内的最大畸变率低于 1.9%，如图 7-2 所示[①]。

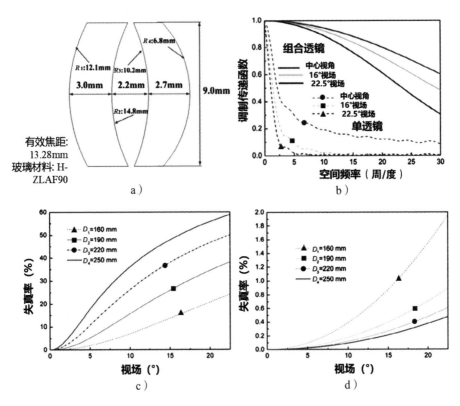

图 7-2　复合透镜结构示意图（a）单透镜和复合透镜的MTF曲线对比图（b），
单透镜的畸变率曲线（c）和复合透镜的畸变率曲线（d）

3. 基于控光模组设计的串扰抑制方法

四川大学研究团队提出在透镜阵列和平面显示器之间增加高折射率的填充介质层。该介质层顶面涂敷周期分布的遮光掩膜，与透镜阵列组成光学模组共同对平面像素出射的光线进行控制，有效减弱了临近像素杂散光线串扰

---

① SANG X Z, GAO X, YU X B, et al. Interactive floating full-parallax digital three-dimensional light-field display based on wavefront recomposing [J]. Optics express, 2018, 26（7）: 8883-8889.

带来的光场重构误差，实现了 50° 大视角的精确 3D 光场显示效果①。此外，该团队设计了具有反射腔的背光光源，配合具有强控光能力的狭缝光栅，实现了对光线的精准重构，可降低控光元件的固有串扰，使 3D 显示的串扰低于 1.80%，并且具有高亮度②。中山大学研究团队设计了自由曲面结构的背光模组，配合透镜阵列可构建准确的视点光线。该方法可以使相邻视点串扰低于 5%，最小视点串扰低至 2.41%，并且 3D 影像具有高亮度，如图 7-3 所示③。

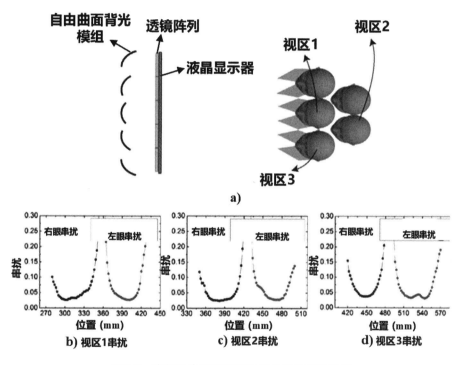

图7-3 在视区内不同观看位置的串扰测量结果

① LUO C G，JI C C，WANG F N，et al. Crosstalk-free integral imaging display with wide viewing angle using periodic black mask ［J］. Journal of display technology，2012，8（11）: 634-638.

② LV G J，ZHAO B C，WU F，et al. Autostereoscopic 3d display with high brightness and low crosstalk ［J］. Applied optics，2017，56（10）: 2792-2795.

③ FAN H，ZHOU Y G，WANG J H，et al. Full resolution，low crosstalk and wide viewing angle auto-stereoscopic display with a hybrid spatial-temporal control using free-form surface backlight unit ［J］. Journal of display technology，2015，11（7）: 620-624.

4. 基于平面显示器结构改造设计的串扰抑制方法

中南大学研究团队的研究结果表明，对于柱透镜光栅型裸眼 3D 显示系统，使用 LED 显示器的像素尺寸和像素发散角与串扰的大小成反相关[①]。该研究结果可为显示系统的前期优化设计提供理论基础。在文献[②]中，偏振片阵列被放置在平面显示器上，用来改变平面显示器的显示原理，使从平面显示器出射的视点光线被分离为方向相互垂直的偏振光。该方法实现了对视点光线重构串扰的有效抑制。在文献[③]中，设计了新型的液晶显示器，相比于传统液晶显示器，该新型液晶显示器改变了子像素的排布规则，其配合竖直摆放的柱透镜阵列和准直背光光源，可消除由于柱透镜光栅倾斜摆放导致的临近像素视点光线串扰，如图 7-4 所示。

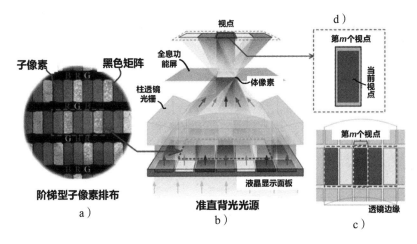

图 7-4　新型液晶显示器的子像素排布显微图（a），基于新型液晶显示器、准直背光光源、柱透镜阵列的 3D 显示系统视点构建示意图（b），第 m 个视点的构建示意图（c）

① XU Y, CUI J W, HU Z L, et al. Pixel crosstalk in naked-eye micro-led 3d display ［J］. Applied optics, 2021, 60（20）: 5977-5983.
② LV G J, ZHAO W X, LI D H, et al. Polarizer parallax barrier 3d display with high brightness, resolution and low crosstalk ［J］. Journal of display technology, 2014, 10（2）: 120-124.
③ LIU B, SANG X Z, YU X B, et al. Analysis and removal of crosstalk in a time-multiplexed light-field display ［J］. Optics express, 2021, 29（5）: 7435-7452.

5. 光线重构误差软优化方法

四川大学研究团队在图像算法层面建立了串扰缩减模型，可通过调整每幅视差图像的亮度来达到减少视点光线串扰的目的 [1]。成都工业学院研究团队设计了基于人眼跟踪的实时渲染 3D 显示系统。该系统可以在人眼实时位置处渲染出具有低串扰的视点光线分布 [2]。浙江大学研究团队提出了面向平面子像素的加权图像编码算法。该算法使单个子像素可以同时映射出相邻视点的光线强度信息，以提升 3D 影像边界的清晰度；同时，也考虑垂直方向相邻的子像素光线串扰，将这类串扰建模为移位不变的低通滤波器，并利用快速傅里叶算法实现抑制串扰的逆滤波计算，最终提升了 3D 影像清晰度 [3]。北京邮电大学研究团队提出了一种基于反卷积算法的波前像差校正方法，使 3D 影像清晰度得到提升，如图7-5 所示 [4]。

[1] LI X F, WANG Q H, TAO Y H, et al. Crosstalk reduction in multi-view autostereoscopic three-dimensional display based on lenticular sheet [J]. Chinese optics letters, 2011, 9 (2): 31-33.

[2] LV G J, ZHAO B C, WU F. Real-time viewpoint generation-based 3d display with high-resolution, low-crosstalk, and wide view range [J]. Optical engineering, 2020, 59 (10): 103104.

[3] LI D X, ZANG D N, QIAO X T, et al. 3D Synthesis and crosstalk reduction for lenticular autostereoscopic displays [J]. Journal of display technology, 2015, 11 (11): 939-946.

[4] ZHANG W L, SANG X Z, GAO X, et al. Wavefront aberration correction for integral imaging with the pre-filtering function array [J]. Optics express, 2018, 26 (21): 27064-27075.

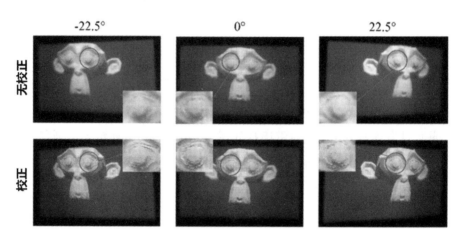

图7-5　基于反卷积算法的波前像差校正效果

　　不同于以上研究成果的正向软串扰抑制思路，以下研究成果是从3D显示效果到基元图像阵列合成编码的方向对串扰进行反向软抑制。韩国三星的研究人员建立了拍摄所获得的3D显示图像与基元图像阵列子像素之间的图样关系，并依据此关系调整子像素的亮度来抑制由于柱透镜阵列制作误差和系统装配偏差等外部因素所引起的光线重构误差[①]。此外，以图样和子像素亮度作为变量来获得光栅倾斜产生的光线重构固有误差系数，再乘以消除项来对基元图像阵列进行预滤波，实现对光线重构固有误差的抑制。

　　与以上方法类似，韩国科学技术院和三星研究团队联合提出基于观察结果反馈的局部畸变校正方法，有效校准了控光元件局部变形导致的畸变[②]。此外，该团队对实际显示系统参数制备偏差引起的3D影像畸变进行

①　ZHOU M C, WANG H T, LI W M, et al. A unified method for crosstalk reduction in multiview displays [J]. Journal of display technology, 2014, 10（6）: 500-507.

②　HWANG H S, CHANG H S, KWEON I S. Local deformation calibration for autostereoscopic 3d display [J]. Optics express, 2017, 25（10）: 10801-10814.

研究，提出了基于视觉图样分析的系统结构参数标定模型[①]。该模型可标定 3D 显示系统的真实结构参数，如控光元件与平面显示器的间距、控光元件的节距、控光元件的偏移量等。实验证明，该标定方法的精度高，当标定基于狭缝光栅的 3D 显示器时，倾斜角的估计误差为 0.0031°，节距的估计误差为 0.02μm，偏移量的估计误差为 74μm，间距的平均估计误差为 13μm。这项工作是解决由于系统制备误差导致的光线重构外部误差的基础，具有较大的实用意义。韩国电子通信研究院的研究团队提出了一种基于实拍 3D 效果反馈机制的重构光线误差校正机制，包括反馈图像失真模型和畸变校正迭代算法，可校正狭缝光栅装配偏差引起的外部线性畸变，如图 7-6 所示[②]。

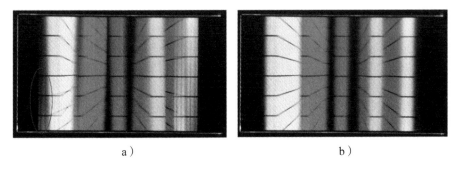

a)　　　　　　　　　　　　　b)

图7-6　校正前（a）和校正后（b）

①　HWANG H S, CHANG H S, NAM D K, et al. 3D display calibration by visual pattern analysis [J] . IEEE transactions on image processing, 2017, 26（5）: 2090-2102.

②　KIM J S, LEE G S, EUM H M, et al. Iterative calibration of a multiview 3d display with linear extrinsic crosstalk using camera feedback [J] . Applied optics, 2018, 57（16）: 4576-4582.

　　不同于以上方法，清华大学研究团队提出了一种软件与硬件联合校正3D光场的方法[①]。为了优化重构光场误差，该方法在硬件层面对控光元件和平面显示器进行定量的旋转和平移对准，并评价透镜阵列和平面显示器之间光传递介质的实际厚度和折射率，在软件层面对3D图像进行修正渲染。

　　近期，基于神经网络反馈机制的像差抑制方法被提出，用于基元图像预校正的9层自编码卷积神经网络如图7-7所示[②]。利用透镜阵列的点扩散函数矩阵计算获得显示数据集，再利用显示数据集与原始图片的SSIM对卷积神经网络进行训练，最终获得像差预校正基元图像。利用基于特征的反卷积运算对超构表面相位函数进行迭代训练，最终可获得具有高成像质量的超构表面[③]。

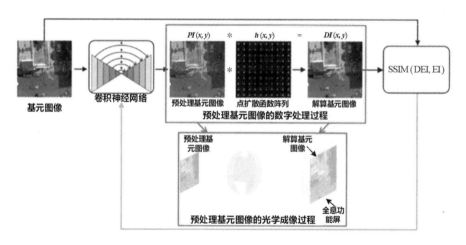

图7-7　基于自编码神经网络反馈结构的预校正原理

① FAN Z C, CHEN G W, XIA Y, et al. Accurate 3d autostereoscopic display using optimized parameters through quantitative calibration [J]. Journal of the optical society of America, 2017, 34 (5): 804-812.

② YU X B, LI H Y, SANG X Z, et al. Aberration correction based on a pre-correction convolutional neural network for light-field displays [J]. Optics express, 2021, 29 (7): 11009-11020.

③ TSENG E, COLBURN S, WHITEHEAD J, et al. Neural nano-optics for high-quality thin lens imaging [J]. Nature communications, 2021, 12 (1): 6493.

依据以上研究调研结果，结合前期的研究基础可以获得以下结论。

（1）前四类光线重构优化方法，即基于控光结构设计、控光模组设计、平面显示器结构改造设计和光学优化的光线重构误差优化方法，可以对由于杂散光串扰和像差这两个固有误差因素引起的光线重构误差进行有效抑制。然而，这四类光线重构误差优化方法无法对由于控光元件制作公差、系统装配偏差等外部误差因素引起的光线重构误差进行校正。

（2）第五类光线重构优化方法，即光线重构误差软优化方法，相对于前四类优化方法具有更强的灵活性。该类方法中，正向软优化方法只能对杂散光串扰、像差引起的光线重构误差进行优化，而基于图样反馈量化模型的反向软优化方法可以对制作公差、系统装配偏差等外部误差因素引起的光线重构误差进行校正。反向软优化方法的校正能力有限，这是因为图样反馈量化模型无法标定复杂的高阶非线性光线重构误差，如随机偏离的透镜轴向、随机装配偏差、随机离散的元件公差等。

（3）基于神经网络反馈机制的像差抑制方法是一种反向软优化方法，具有一定的实用价值。由于反馈机制设计的限制，目前仅能对像差等固有光线重构误差进行优化。

（4）第五类光线重构优化方法在优化大误差时，效果并不理想。这是因为当重构光线与记录光线在强度和方向上具有较大偏差时，3D显示系统所记录的信息和还原的信息将出现不匹配的问题，真正需要被记录的光线已经缺失，而这类方法并没有进行相应的再采集。

为解决由系统装配偏差等外部误差因素导致的光场重构误差问题，本章将开展裸眼3D显示中基于深度学习的光场重构误差优化方法研究，为实现高性能的裸眼3D显示技术奠定理论基础。

第二节　面向外部串扰的校准卷积神经网络设计

搭建端到端的校准卷积神经网络，对具有外部串扰的 3D 成像进行校准，如图 7-8 所示。校准卷积神经网络是为了拟合具有制造和装配误差的光学控光元件的高阶非线性光解码函数而设计的，该高阶非线性光解码函数在几何上将基元图像阵列的像素空间映射到解码视差图的像素上。实际上，光学控光元件的光解码函数就是控光效应的数学模型。解码视差图作为校准卷积神经网络的输出，表征了在空间中重建视点光线的空间信息。在理想情况下，根据几何光学，光解码函数是线性函数，解码视差图应该与相机阵列捕获的视差图一致。然而，实际裸眼 3D 显示系统有制造和装配误差，这些外部误差通常是随机的并且是不可避免的。因此，光解码函数变成了高阶非线性函数，并且这个函数很难被预测、拟合，这将导致解码视差图与相机阵列捕获的视差图不一致，产生 3D 成像误差，出现外部串扰。为了校准具有外部串扰的 3D 成像，需要获得光学控光元件实际的高阶非线性光解码函数，以准确获知解码视差图与相机阵列捕获的视差图不一致的差值，进而实现对 3D 成像的校准。

基于以上分析，笔者利用深层卷积神经网络模型拟合高阶非线性复杂函数的可行性，提出建立端到端的校准卷积神经网络对高阶非线性光解码函数进行拟合。校准卷积神经网络输出的解码视差图可表示在外部串扰因素影响下的真实像素与重构视点光线之间的对应关系。此外，分析光学控光元件的频率响应，并建立由像差和相邻像素间漏光引起的固有串扰 3D 成像模型。根据傅里叶光学理论，可认为 3D 成像是基元图像阵列与光学控光元件的点扩散函数阵列的卷积。具有固有串扰影响的光学控光元件的点扩散函数阵列可以利用点光源阵列的成像获得，从而实现了具有固有串扰的 3D 成像模型。

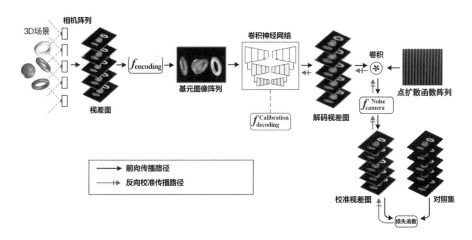

图7-8 基于端到端设计的自编码卷积神经网络标定模型

考虑到真实情况下 3D 显示系统因为外部误差因素的影响使其 3D 成像为非线性成像，搭建校准卷积神经网络的目的为精准测量非线性 3D 成像来对高阶非线性外部串扰进行补偿。因此结合校准卷积神经网络与光学控光元件频率响应，可以对受外部和固有串扰影响的 3D 成像进行建模。该模型的建立为反向校准传播路径的训练提供实施基础。

如图 7-8 所示，基于校准卷积神经网络的 3D 成像校准实施过程包括 4 个步骤，即拍摄视差图、对外部串扰的校准处理、频率响应计算、拍摄显示结果作为对照集。在拍摄视差图阶段，由于针孔模型可以获得无光学畸变的视差图，因此采用了虚拟相机阵列。在拍摄显示结果阶段，将真实的被校准过的相机作为拍摄 3D 影像形成对照集。需要说明的是，在 3D 成像校准过程中，添加了一个损失函数对包含传感器噪声的相机传感过程进行建模。

光解码函数的数学含义为基元图像阵列中像素到解码视差图像素坐标位置的一对一映射关系，而这种映射关系是底层的图像处理任务，不含深层语义的关联。设计校准卷积神经网络的思路：以单卷积特征层叠加，构建多特征提取通道的深层网络架构，在实现对高阶非线性光解码函数高精度拟合的同时，使训练过程快速收敛并具有强泛化性。

基于以上设计思路，搭建具有 4 个特征提取通道的校准卷积神经网络，其结构如图 7-9 所示。通道 1 的特征图具有更详细的特征，通道 2—4 的特征图用于各个视图的分类分割。通过融合 4 个特征提取通道的特征，增强了高阶非线性光解码函数的拟合效果。

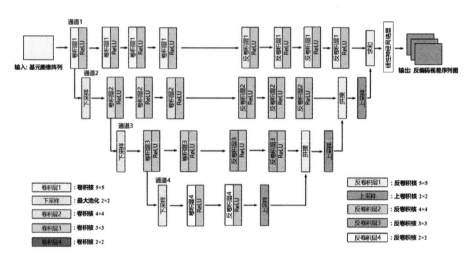

图7-9　校准卷积神经网络的结构示意图

在深度学习架构中，用损失函数度量网络预测数据与实际数据的差距，并决定模型的优化方向和训练速度。因此，设计损失函数是搭建深度学习架构的重要环节之一。

根据控光元件的物理特征对损失函数进行设计，考虑到受外部误差因素的光解码函数数据离散度高，平均绝对误差（Mean Absolute Error，MAE）是损失函数理想的选择之一。MAE 对离散度较高的数据具有较好的梯度稳定性。但是，MAE 缺失了度量误差的方向，会降低模型的收敛速度。因此，提出基于 MAE 的动态加权梯度传播函数作为损失函数，其数学表达式为

$$\text{Loss} = \frac{1}{n}\sum_{i}^{n} w_t(x_i)\left|f_{\text{decoding}}(x_i) - y_i\right| \qquad (7\text{-}1)$$

式中，$f_{\text{decoding}}(x_i)$ 为网络预测的像素输出结果，y_i 为实际像素（label），n 为基元图像阵列中像素的数目，$w_t(x_i)$ 为网络在第 t 次迭代周期内实际像素值与预测像素值差值的权重函数，能够根据训练效果的动态变化平衡网络的梯度传播。

第三节　外部串扰抑制方法

基于对现实裸眼 3D 成像的外部串扰的校准结果，可以确定基元图像阵列中引起光线重构误差的像素空间位置，再基于光线追迹算法，根据光矢量场的采集与重构模型，计算出该像素位置处正确的重构光线，用于修正在光线记录阶段相机阵列中相机的空间位置，进而获得正确的空间信息，完成对基元图像阵列中像素的校正，以消除光线重构误差，抑制外部串扰。根据四维全光函数，基于光线追迹算法的校正原理如图 7-10 所示。

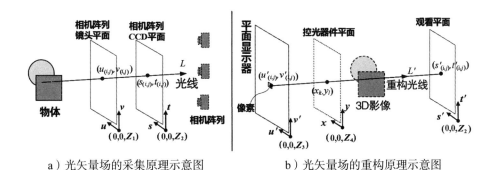

a）光矢量场的采集原理示意图　　　b）光矢量场的重构原理示意图

图 7-10　基于光线追迹算法的校正原理

设平面显示器的分辨率为 $n \times m$，人眼最小分辨角为 θ_{eye}，重构的理想光矢量场为 $\{\vec{r}_{(i,j)} | i=1,2,...,m; j=1,2,..,n\}_{\text{ideal}}$，重构有误差的真实光矢量场为 $\{\vec{r}_{(i,j)} | i=1,2,...,m; j=1,2,..,n\}_{\text{real}}$，如果 $\{\vec{c}_{(i,j)} | i=1,2,...,m; j=1,2,..,n\}$ 表示校正后的光矢量场，根据人眼视觉特性可得

$$\vec{c}_{(i,j)} = \begin{cases} \text{null}, & \angle\left(\vec{r}_{(i,j)}^{\text{real}}, \vec{r}_{(i,j)}^{\text{ideal}}\right) < \theta_{\text{eye}} \\ \vec{r}_{(i,j)}^{\text{real}}, & \angle\left(\vec{r}_{(i,j)}^{\text{real}}, \vec{r}_{(i,j)}^{\text{ideal}}\right) \geq \theta_{\text{eye}} \end{cases}, \quad i=1,2,...,m; j=1,2,...,n \tag{7-2}$$

式中，$\vec{r}_{(i,j)}^{\text{real}} \in \{\vec{r}_{(i,j)} | i=1,2,...,m; j=1,2,..,n\}_{\text{real}}$，$\vec{r}_{(i,j)}^{\text{ideal}} \in \{\vec{r}_{(i,j)} | i=1,2,...,m; j=1,2,..,n\}_{\text{ideal}}$。根据光矢量场重构模型，$\vec{r}_{(i,j)}^{\text{real}}$ 可由以下公式表示

$$\vec{r}_{(i,j)}^{\text{real}} = (s'_{(i,j)}, t'_{(i,j)}, z_2)_{\text{DPI}} - (x_k, y_l, z_4)_{\text{MP}} \tag{7-3}$$

式中，$(x_k, y_l, z_4)_{\text{MP}}$ 为具有周期性控光单元结构的控光元件上第 k 行、第 l 列控光单元的中心坐标，其中 $k=\text{floor}(i/M)$，$l=\text{floor}(j/N)$。$(x_k, y_l, z_4)_{\text{MP}}$ 为在系统设计阶段确定的控光元件参数，是已知的，用于调制平面显示器加载的基元图像阵列中像素 (i,j) 出射的光线。周期性控光单元结构的控光元件可以为透镜阵列、柱透镜阵列、狭缝光栅等。$(s'_{(i,j)}, t'_{(i,j)}, z_2)_{\text{DPI}}$ 表示标定卷积神经网络输出的标定复原图阵列中像素的坐标，它与基元图像阵列中像素 (i,j) 形成一对一映射，表征实际重构光线的空间位置。再根据光矢量场重构模型，$\vec{r}_{(i,j)}^{\text{ideal}}$ 可由以下公式表示

$$\vec{r}_{(i,j)}^{\text{ideal}} = (x_k, y_l, z_4)_{\text{MP}} - (u'_{(i,j)}, v'_{(i,j)}, z_3)_{\text{EIA}} \tag{7-4}$$

式中，$(u'_{(i,j)}, v'_{(i,j)}, z_3)_{\text{EIA}}$ 为平面显示器加载的基元图像阵列中像素 (i,j) 的坐标。如果设基元图像阵列中需要校正的像素为 (i,j)，在光矢量场的采集过程中，须对有误差的真实光矢量进行重新记录，以校正像素 (i,j) 的值。设像素 (i,j) 对应校正后相机镜头中心修正位置坐标为 $(u_{(i,j)}, v_{(i,j)}, z_1)_{\text{camera}}$，根据光矢量场采集模型可知

$$\vec{c}_{(i,j)} = (s'_{(i,j)}, t'_{(i,j)}, z_2)_{\text{DPI}} - (u_{(i,j)}, v_{(i,j)}, z_1)_{\text{camera}} \qquad (7\text{-}5)$$

联立式（7-2）、式（7-3）、式（7-4）和式（7-5）可得修正后相机的空间位置，进而采集具有正确光线方向和强度信息的视差图像，然后通过合成算法把视差图像用于合成基元图像阵列，即完成了对基元图像阵列中像素（i, j）的值的校正，从而消除光线重构误差，抑制 3D 成像外部串扰。

第四节　实验结果与分析

搭建视角为 5°、视点数为 5 的基于柱透镜光栅的裸眼 3D 显示实验验证系统，通过外部串扰来验证本章所提出方法的有效性。结构实物如图 7-11a 所示，主要配置参数如表 7-1 所示。实验验证系统使用的柱透镜光栅有制造误差和装配误差，体现在其结构表面破损及贴合液晶显示器装配角度偏差。柱透镜光栅的局部显微图及其对应的点扩散函数阵列图样如图 7-11b 和图 7-11c 所示。

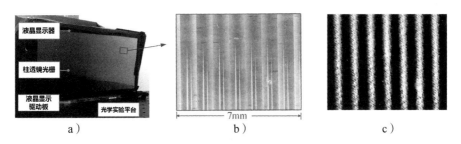

图 7-11　实验验证系统实物图（a）、表面受损的柱透镜光栅（b）
和点扩散函数阵列图样（c）

表7-1　基于时空复用透镜拼接的集成成像原型系统的主要参数

基本组成	参数	数值
液晶显示器	分辨率	1920 × 1080 像素
	尺寸	15.6 英寸
柱透镜光栅	节距	53mm × 50mm
	焦距	13.28mm

以 50 个虚拟场景的显示效果为真实采集目标，拍摄获得分辨率为 1920 × 1080 像素的 250 张视差序列图，再分别旋转 45°、90°、135°、180°、225°、270° 和 315°，获得 1750 张增强视差序列图作为训练光解码卷积神经网络的对照集。采用大型增强数据集和正则化方法来避免过拟合问题。

此外，批处理大小，即选择用于训练的一次处理样本数量定为 5，学习率定为 0.001，迭代周期定为 10000。在损失函数中，当预测解码视差图中的像素分别来自 ±2.5°、±1.75° 和中间的视差图时，设定权重函数的值分别为 0.45、0.35 和 0.2。利用跳跃连接来改善校准卷积神经网络的收敛性能，设定跳跃连接操作的概率为 0.4。

3 个场景的校准卷积神经网络的输出解码视差图和其所对应的真实拍摄效果如图 7-12 所示。从图 7-12 中可以看出，利用校准卷积神经网络可以标定出引起串扰的解码视差图像素。这些像素导致 3D 成像有鬼影，进而根据神经网络所确定的高阶非线性光解码函数，便能确定基元图像阵列所对应的像素。再利用外部串扰抑制方法修改这些像素，有效抑制外部串扰。

校准卷积神经网络标定训练效果如图 7-13 所示，可以看出在第 10000 个迭代周期后，校准卷积神经网络可以很好地拟合出具有面形损伤和装配角度偏差的柱透镜光栅的实际控光效果。搭建校准卷积神经网络使用的框架为 PyTorch，相关代码运行在 2 个 NVIDIA RTX 3060 GPU 上。在训练过程中，每个迭代周期用时 0.3s，训练总时间约 3000s。需要指出的是，训练集和验证集的图像越多，训练后获得的校准卷积神经网络的性能越好，对具有外部串扰的 3D 成像的标定越准确。在下一阶段的工作中，我们将构建一个包含更多图像的通用数据集。

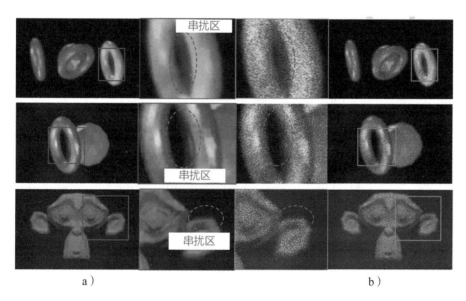

a）　　　　　　　　　　　　　　　　　　b）

图7-12　3个场景的真实拍摄效果（a）与对应的校准卷积神经网络输出解码视差图（b）

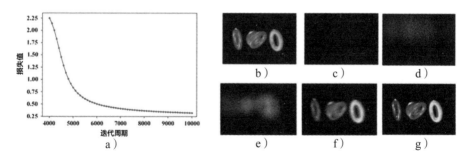

图7-13　训练光解码卷积神经网络的收敛曲线（a），实拍中间视角显示效果（b），柱透镜光栅光学孪生在第2000个（c）、第4000个（d）、第6000个（e）、第8000个（f）和第10000个（g）迭代周期后输出所得中间视角的标定效果

图 7-14 所示为从不同方向拍摄没有使用和使用外部串扰抑制方法的 3D 显示效果。结果证明了外部串扰抑制方法的有效性和优越性。

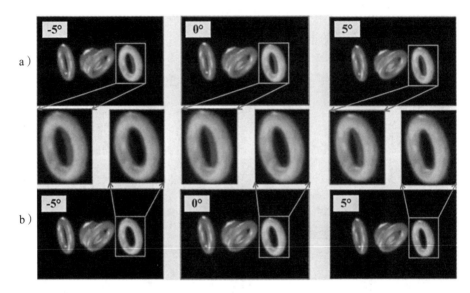

图7-14　不进行串扰抑制的显示效果（a）和基于校准卷积
神经网络进行串扰抑制的显示效果（b）

第五节　本章小结

本章提出了一种基于校准卷积神经网络的裸眼 3D 显示外部串扰抑制方法，用于改善具有控光元件制作误差和系统装配误差的裸眼 3D 显示系统的显示质量。

本章首先搭建了校准卷积神经网络，用于校准具有外部串扰的 3D 成像。随后，利用控光元件的频率响应对具有外部串扰和固有串扰的 3D 成像过程进行建模。然后以该 3D 成像模型建立校准卷积神经网络的反向校准传播路径，来训练校准卷积神经网络。根据校准结果，基于光线追迹算法和人眼视觉特性对引起串扰的特定基元图像阵列中的像素进行修正，最终实现对外部串扰的有效抑制。

需要注意的是，本章提出的外部串扰抑制方法理论上可用于任何类型的裸眼 3D 显示系统，因为使用具有较深层的卷积神经网络可以端到端精确拟合具有超高阶非线性函数的真实 3D 成像。

第八章　总结

第一节　研究内容与创新

人类获取外界信息的主要途径是视觉系统，平面显示设备只能显示2D信息，无法满足人类对于获取3D信息的需求。3D数据的可视化在多个领域都有重大需求，例如军事演练、医学诊断、机械装配、科学研究等。虽然随着计算机图形学的演进，3D数据可视化得到了一定的发展，但是仍然使用平面显示设备展示3D数据，因而无法真实、准确、高效地表达信息。

虽然裸眼3D显示技术发展迅速，但是目前该技术的缺陷使其离成熟应用还有很长的一段路要走。在这些缺陷中，分辨率低是一个瓶颈问题。本书针对传统裸眼3D显示技术分辨率低的问题，对显示分辨率的提升方法进行了研究，并提出了新的显示方法。研究工作和创新成果总结如下。

（1）设计了可实现像素水平化调制的微针孔单元阵列和非连续柱透镜阵列，分别搭建了基于微针孔单元阵列和非连续柱透镜阵列的光场显示系统。像素水平化调制可使全部平面像素用于水平视点的再现，实现了高角分辨率的水平光场构建，可为观察者提供具有连续平滑运动视差的高质量3D显示效果。实验证明，在应用该方法后，利用分辨率为1280×720像素的 54 英寸 LED 显示器可在 42.8° 显示视角内实现 2.3 视点 / 度的高角分辨率光场显示效果。在平面分辨率资源有限的前提下，该方法对平面像素的利用率高，是实现高质量裸眼 3D 显示的理想方法。

（2）针对桌面裸眼 3D 使用场景，提出基于时空复用定向投射光信息的桌面悬浮集成成像方法。首先，设计定向准直背光光源配合双凸非球面透镜阵列，实现了具有定向视区的视点光线重构。然后，设计机械旋转平台，带动定向准直背光光源转动，对重构的定向视点光线进行时空复用拼接，最终形成 360° 柱状分布的视区。360° 柱状分布视区对于空间信息分布进行了优化集中，使 3D 显示器重构的光线集中分布于桌面显示器的周围，极大提升了信息的利用率，保证了 3D 显示效果的高分辨率和大景深。用于验证的原型系统可呈现 79×79 个视点、18cm 景深的高质量悬浮显示效果，并且 3D 影像的可视视区为具有 45° 垂直方向定向投射角、360° 横向视角、36° 纵向视角的柱状视区。

（3）基于小节距微针孔单元阵列和垂直方向准直背光光源实现了低串扰的高分辨率光场显示。设计了垂直方向准直背光光源以取代散射背光光源，用于抑制使用小节距微针孔单元阵列实现像素化水平调制过程中杂散光引起的视点串扰。实验证明，在应用该方法后，利用分辨率为 3840×2160 像素的 15.6 英寸 LED 显示器可实现 39.2 视点 / 度的角分辨率和 1280×1080 像素的空间分辨率，同时保证串扰低于 7%。低串扰、高角分辨率的光场显示方法可消除传统裸眼 3D 显示技术存在的辐辏和调节矛盾问题，实现自然的深度信息表达与清晰的 3D 数据可视化显示。

（4）设计了方向性时间序列背光光源，取代传统基于点光源阵列的集成成像所使用的准直背光光源，实现了透镜阵列中相邻透镜的时空复用拼接。该方法可使透镜阵列的等效节距变为固有节距若干倍，并且可同时以时空复用的方式高频率交替产生点光源，使点光阵列中点光源的数目变为原来的数倍。透镜阵列等效节距和点光源数量增大的同时，实现了高分辨率、大视角的集成成像显示效果。实验结果和分析表明，在使用该方法后，集成成像视角可从 26.3° 增大为 50°，并且空间分辨率可增大为原来的 4 倍。

（5）为了抑制裸眼 3D 显示系统搭建过程中由于装配误差和制作误差而出现的外部串扰，确保裸眼 3D 显示系统的额定分辨率和景深与设计一致，提出了基于校准卷积神经网络的裸眼 3D 显示外部串扰抑制方法。该方法创造性地提出使用卷积神经网络拟合具有外部串扰的控光元件光解码函数，进而配合频率响应可对实际的 3D 成像进行建模。根据 3D 成像模型，可以准确标定引起串扰的平面像素，然后对其进行修正来抑制外部串扰。该抑制串扰的方法具有强泛化性，理论上适用于任何技术形式的裸眼 3D 显示系统。

第二节　价值与社会效益

从学术方面看，本书的研究目标明确，以提升裸眼 3D 显示分辨率为突破点，通过分析自然界真实的光场特征，基于裸眼 3D 显示机理开展高质量裸眼 3D 显示方法研究，提出具有强泛化性的显示分辨率提升方法与技术。本书的研究成果具有一定的理论深度和理论体系价值，将为裸眼 3D 显示技术真正被市场所接受提供理论与技术支撑。

从工程实践应用方面看，本书提出了两种低成本新型控光结构，即微针孔单元阵列和非连续柱透镜光栅，可极大提升裸眼 3D 显示的单方向角分辨率，实现高质量 3D 显示效果，并且这两种控光结构成本低、制作简单且控光性能优异。同时，本书也提出了利用视点分布优化来提升 3D 信息利用率的思路，有效提升重点区域内的显示质量，这种思路的经济适用性高。

此外，在软件维度上，本书提出基于校准卷积神经网络的外部串扰抑制方法来提升 3D 成像质量，从而确保高分辨率的 3D 显示效果，这种软提升 3D 显示质量的方法理论上适用于任何裸眼 3D 显示系统，具有强泛用性。因此，本书的成果具有较强的实用价值和商业潜力。

从社会效益方面看，本书的研究成果可应用在广告传媒、军事、医疗、工业制造等多个领域。

在广告传媒领域，高分辨率的裸眼 3D 显示具有强显示立体感，能够向观众提供不同于 2D 显示的视觉体验，具有大数据级直观显示能力以及沉浸化的强立体视觉感，可用科幻感十足的全息悬浮立体物像来吸引观众眼球，符合商业显示快速吸引观众注意力并传达信息的需求，并可以减轻在广告内容制作上的大量工作，极大降低内容创意的成本，缩短内容发布周期。在军事领域，高分辨率的裸眼 3D 显示效果可以帮助指战员快速、准确获知战场的地形地貌、兵力位置、战况形势、战斗局势推演等重要情报，指战员可以根据精准的 3D 地形信息及时做出合理的作战方案。在医疗领域，医疗行业信息的记录和呈现处于文字和 2D 图像阶段，缺乏直观性和高效性。而高分辨率的裸眼 3D 显示技术可以精准呈现病变组织与器官、血管之间的立体位置关系，构建 3D 立体人体地图，精准定位人体病变处。医生可以利用该技术给出较为准确的医疗方案，高效诊断病情并精准完成高难度手术，降低手术风险。在工业制造领域，复杂装备的研发涉及上万个零件的设计与装配，高分辨率的裸眼 3D 显示效果可以逼真呈现零件之间的空间相对位置与协同运行态势，有效提升设计效率并保证设计精度。

综上所述，本书成果的推广与实施将促进显示技术的发展，进一步提升视觉信息传达效率和精确度，帮助人们对事物进行高效、全面的分析，极大改善人民的生产、生活方式。

第三节　本章小结

　　本章首先对本书的研究内容与创新性进行了总结，并阐明了各章内容之间的关联性。然后从学术和工程两个维度，对本书在裸眼 3D 显示领域的影响和价值以及社会效益方面进行讨论。从学术方面看，本书具有很强的理论深度和理论体系价值，将为裸眼 3D 显示技术真正被市场接受提供理论与技术支撑。从工程实践应用方面看，本书的研究成果具有较强的实用价值和商业潜力。从社会效益方面看，本书的研究成果可应用在广告传媒、军事、医疗、工业制造等多个领域。

致　谢

时光荏苒，岁月如梭。八年前，我有幸来到北京邮电大学信息光子学与光通信国家重点实验室，结识了许多优秀的人，在这个温馨而卓越的环境中，开启了我的裸眼 3D 显示研究生涯。回首宝贵的求学时光，我经历了许多难忘的时刻，特别是第一次查阅英文文献、第一次搭建 3D 显示系统、第一次实验成功、第一次发表论文、第一次完结项目。这些重要时刻是我人生中最宝贵的记忆。在读博期间，老师的教导、师兄的指导和同学的帮助使我不断成长，这段学习经历对我来说弥足珍贵。

本书的完成，首先要衷心感谢北京邮电大学的桑新柱教授。桑老师不仅是我科研道路上的领路人，更是我人生道路上的一盏明灯。每次在我准备发表学术论文时，桑老师总是无论多忙都会抽出时间，仔细帮我修改论文，指出其中存在的问题。正是由于桑老师的耐心指点，我的学术才得以有了显著提升。对我来说，桑老师不仅是一位尊敬的导师，更是一位充满智慧的长辈。他不仅教给我知识，更教导我人生的态度与做事的原则。每当我犯了错，桑老师都会耐心教诲，激励我不断改进。桑老师还教育我"治学先要立德"，成为一个有原则、有道德的人。以后，我也会把治学立德的信念贯彻始终。

本书的完成，衷心地感谢我的博士生导师王葵如教授，王老师在我攻读博士期间给予了极大的帮助。诚挚地感谢余重秀教授，余老师治学严谨的态度深深影响了我。特别感谢颜玢玢老师，颜老师一直是实验室同学的榜样，激励我在科研道路上奋勇向前。感谢以上所有老师，没有你们的支持，就没有我的今天。

感谢我的师兄于迅博、高鑫，以及同学刘立、刘博阳、杨神武、高超、都静妍、王培人、李远航、王华春、管延鑫，他们在我的研究生涯中给予我巨大的帮助和支持，从而使我有能力完成这本书。

感谢我的家人，感谢他们一直以来默默地鼓励和支持我，给予我强大的动力。

在这里，借着本书的出版，祝愿以上可爱的人，每天开心快乐，阖家幸福安康，万事顺遂如意！

感谢北京邮电大学信息光子学与光通信国家重点实验室为我提供了卓越的学习环境，也感谢山西传媒学院为我的研究提供了优质的平台。本书的完成得到山西传媒学院引育人才科研项目和山西省基础研究计划（自由探索类）项目（20210302124029）的资助。

最后，感谢所有帮助和关心我的人。

图书在版编目（CIP）数据

裸眼三维显示分辨率提升方法研究 / 杨乐著.
北京：中国国际广播出版社，2024.8. --ISBN 978-7
-5078-5630-9

Ⅰ. TP391.41

中国国家版本馆CIP数据核字第2024UP4052号

裸眼三维显示分辨率提升方法研究

著　者	杨　乐
策划编辑	肖　阳
责任编辑	韩　蕊
校　对	张　娜
版式设计	邢秀娟
封面设计	赵冰波

出版发行	中国国际广播出版社有限公司［010-89508207（传真）］
社　址	北京市丰台区榴乡路88号石榴中心2号楼1701
	邮编：100079
印　刷	北京联兴盛业印刷股份有限公司

开　本	710×1000　1/16
字　数	210千字
印　张	11.5
版　次	2024 年 8 月 北京第一版
印　次	2024 年 8 月 第一次印刷
定　价	49.00 元